CW01623466

MAXI Mémento

MATHS

CE2 CM1 CM2

Olivier BOUTIN

hachette
ÉDUCATION

Conception graphique : Agata Miziewicz et FNG
Couverture : Pascal Plottier
Illustrations : Philippe Chauvet
Mise en pages et schémas : NDL Communication et Médiamax

© Hachette Livre 2009,
43, quai de Grenelle, 75905 Paris cedex 15.
I.S.B.N. 978-2-01-169955-8

Tous droits de traduction, de reproduction et d'adaptation réservés pour tous pays.

La loi du 11 mars 1957 n'autorisant aux termes des alinéas 2 et 3 de l'Article 41, d'une part, que les « copies ou reproductions strictement réservées à l'usage privé du copiste et non destinées à une utilisation collective », et d'autre part, que les analyses ou courtes citations dans un but d'exemple et d'illustration, « toute représentation ou reproduction intégrale ou partielle, faite sans le consentement de l'auteur ou de ses ayants droit ou ayants cause, est illicite ». (Alinéa 1er de l'Article 40.)
Cette représentation ou reproduction par quelque procédé que ce soit, sans autorisation de l'éditeur ou du Centre français de l'Exploitation du Droit de Copie (20, rue des Grands-Augustins, 75006 Paris), constituerait donc une contrefaçon sanctionnée par les Articles 425 et suivants du Code pénal.

AVANT-PROPOS

Conçu comme un ouvrage de référence à conserver tout au long du cycle III, ou cycle des approfondissements (CE2, CM1, CM2), ce maxi-mémento regroupe toutes les grandes notions du programme de mathématiques : nombres, calcul, géométrie et mesures.

Bien plus qu'une succession de règles et de formules à apprendre, il propose un ensemble d'outils permettant à l'enfant – et à l'adulte qui travaille avec lui – de comprendre, d'assimiler et d'appliquer les notions étudiées.

Chaque notion est traitée dans une fiche dont la structure est la suivante :
– un exemple, placé en haut à droite, présente la notion développée dans la fiche ;
– le fait mathématique est ensuite étudié et défini dans la rubrique COMPRENDRE ;
– la rubrique APPRENDRE permet d'aborder un autre aspect de la notion afin de mieux la maîtriser ;
– la rubrique UTILISER SES CONNAISSANCES propose un (ou des) exercice(s) résolu(s), souvent accompagné(s) d'une explication de la démarche suivie ;
– enfin, la rubrique VOIR AUSSI renvoie à toutes les autres fiches liées à la notion exposée.

En marge de ces rubriques, on trouvera deux annexes :
– la première, OUVRIR L'OEIL, met en lumière les points délicats et les confusions à éviter ;
– la seconde, EN SAVOIR PLUS, incite l'enfant à approfondir ses connaissances en abordant un ou plusieurs aspects plus complexes de la notion étudiée.

Dans les fiches à double niveau, des repères CM signalent les notions ou les exercices qui ne relèvent que des niveaux 2e et 3e année du cycle (CM1 et CM2). La partie VERS LE COLLÈGE regroupe des notions qui peuvent être abordées en CM2, et d'autres qui seront vues en classe de 6e.

En conclusion, la structuration en fiches de ce maxi-mémento, l'illustration constante par l'exemple, le recours aux divers outils – index, renvois, aide-mémoire – font de ce livre un ouvrage clair et simple à utiliser, organisé autour d'une démarche pédagogique rigoureuse.

L'auteur

SOMMAIRE

Les puces (❍) indiquent dans quelles classes les notions sont abordées. Il est possible de les colorer lorsque la notion a été étudiée et de tenir ainsi à jour l'état des connaissances acquises. Certaines notions ne figurent plus au programme du cycle III : c'est la raison pour laquelle elles ne sont pas accompagnées du symbole ❍. Nous les avons cependant conservées dans cet ouvrage, à toutes fins utiles.

Nombres

1

NOMBRES

LES NOMBRES DE 1 À 9 999

COMPRENDRE

CE2 ● **Que représente chaque chiffre dans un nombre à 4 chiffres comme 2 469 ?**

De la gauche vers la droite, ils représentent :

les **unités de mille**	les **centaines**	les **dizaines**	les **unités**
2	**4**	**6**	**9**
($2 \times 1\,000$)	(4×100)	(6×10)	(9×1)
2 000 +	400 +	60 +	9 = 2 469.

OUVRIR L'ŒIL

● **Mille** est invariable. Il ne prend pas de ***s*** au pluriel. 4 000 s'écrit quatre mille.

● Le **zéro** indique qu'il n'y a pas :
– d'unités,
– de dizaines,
– de centaines,
– d'unités de mille (ou de milliers).
Il remplace une *unité* ou une *dizaine* ou une *centaine* ou une *unité de mille* manquante.

● 04 800 et 4 800 représentent le même nombre, soit : quatre mille huit cents. Le zéro situé **à gauche** d'un nombre entier peut donc être supprimé.

APPRENDRE

CE2 ● **Comment écrire un nombre en lettres ?**

On peut s'aider d'un tableau.

unités de mille	centaines	dizaines	unités
	6	4	1
7	1	3	0
4	0	7	2
8	0	0	1

641 s'écrit six cent quarante et un.
7 130 s'écrit sept mille cent trente.
4 072 s'écrit quatre mille soixante-douze.
8 001 s'écrit huit mille un.

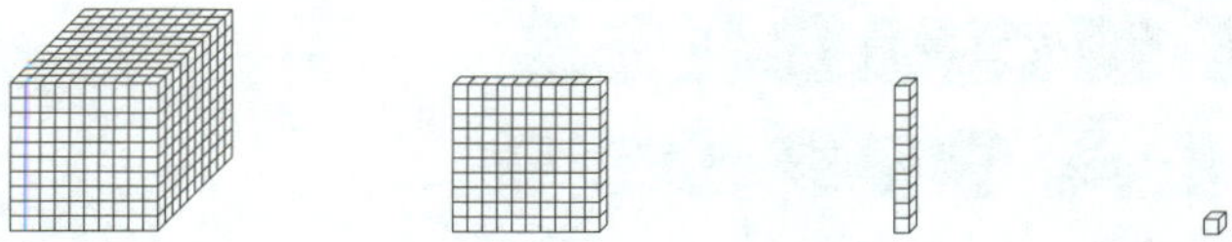

1 bloc = 1 000 cubes	1 plaque = 100 cubes	1 barre = 10 cubes	1 cube

*2 blocs, 4 plaques, 6 barres et 9 cubes font un **total de 2 469 cubes.***

CE2

● Comment passer de l'écriture en lettres à l'écriture en chiffres ?

On peut utiliser un tableau.

unités de mille	centaines	dizaines	unités
trois mille ↓	six cent ↓	cinquante ↓	quatre ↓
3	6	5	4

Neuf cent deux s'écrit 902 ;
quatre mille sept cent trois s'écrit 4 703 ;
neuf mille cent soixante s'écrit 9 160.
Attention : 70 s'écrit soixante-dix,
80 s'écrit quatre-vingts, et 90 s'écrit quatre-vingt-dix.

UTILISER SES CONNAISSANCES

● *Écrire en lettres :* 9 400 ; 4 860 ; 7 085 .

Neuf mille quatre cents. Quatre mille huit cent soixante.
Sept mille quatre-vingt-cinq.

● *Combien de nombres peut-on écrire avec* 2 , 3 *et* 4 ?

6 nombres : 234 , 243 , 324 , 342 , 423 , 432 .

● *Écrire en chiffres :*
sept mille ; huit mille deux cent trente-sept ;
cinq mille vingt cinq ; trois mille trois.

7 000 ; 8 237 ; 5 025 ; 3 003 .

● *Barrer les zéros inutiles :*
3 008 ; 4 050 ; 8 100 ; 0 405 ; 005 202 .

~~0~~405 ; ~~00~~5 202 .
Les zéros situés à la gauche d'un nombre entier sont inutiles.

EN SAVOIR PLUS

Pour compter, on peut utiliser des **abaques**, comme le boulier.
Ainsi, le nombre 4 532 est représenté par :

- 4 boules pour les *unités de mille*,
- 5 boules pour les *centaines*,
- 3 boules pour les *dizaines*,
- 2 boules pour les *unités*.

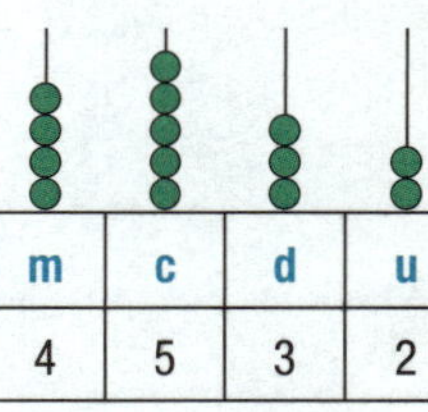

m	c	d	u
4	5	3	2

VOIR AUSSI :
Comparaison des nombres entiers, 4

2

NOMBRES

LES NOMBRES DE 1 À 999 999

COMPRENDRE

CE2 **● Comment écrire un nombre comportant plus de 4 chiffres comme 215 000 ?**

On utilise un tableau dans lequel on place les chiffres selon leur **classe** et leur **rang**.
Chaque classe compte **3** rangs :
les **unités** (u), les **dizaines** (d), les **centaines** (c).

Ainsi 215 000 s'écrit :

classe des mille			classe des unités simples		
c	d	u	c	d	u
2	1	5	0	0	0

215 000 (deux cent quinze mille) s'écrit aussi 215 milliers.

On complète les cases des unités manquantes par des zéros.

Exemples : 4 087 ; 51 009 ; 301 800 .

OUVRIR L'ŒIL

Pour faciliter la lecture des nombres, il faut séparer les *classes* de trois chiffres par un **espace**.

807 040 se lit : huit cent sept mille quarante.

APPRENDRE

CE2 **● Que représentent les chiffres dans un nombre comportant plus de 4 chiffres ?**

classe des mille			classe des unités simples			
c	d	u	c	d	u	
	6	2	8	5	1	→ 2 : les unités de mille.
2	5	7	4	9	2	→ 5 : les dizaines de mille.
9	3	6	0	0	4	→ 9 : les centaines de mille.

La population de Bordeaux est de ***deux cent quinze mille*** *habitants.*
Ce nombre s'écrit **215 000**.

CE2 ● **Comment écrire en lettres, un nombre comportant plus de 4 chiffres ?**

57 492 s'écrit cinquante-sept mille quatre cent quatre-vingt-douze.

801 020 s'écrit huit cent un mille vingt.

UTILISER SES CONNAISSANCES

● *Écrire en chiffres les nombres suivants, et souligner le chiffre qui représente les dizaines de mille, s'il existe :*

sept cent vingt-huit mille sept cent soixante ;

huit mille trois cent quatre-vingt-douze ;

soixante-quinze mille.

728 760 ; 8 392 (pas de dizaines de mille) ; 75 000 .

● *Écrire les nombres suivants en lettres :*

700 000 ; 963 010 ; 112 537 .

700 000 → sept cent mille ;

963 010 → neuf cent soixante-trois mille dix ;

112 537 → cent douze mille cinq cent trente-sept.

● *Écrire les nombres suivants en lettres :*

19 607 ; 20 012 ; 807 010 .

19 607 → dix-neuf mille six cent sept.

20 012 → vingt mille douze.

807 010 → huit cent sept mille dix.

EN SAVOIR PLUS

Il ne faut pas confondre le **chiffre** des unités de mille et le **nombre** de milliers.

Ainsi, dans 23 457, **3** est le *chiffre* des unités de mille, et **23** est le *nombre* de milliers.

Dans 847 212, **7** est le *chiffre* des unités de mille et **847** est le *nombre* de milliers.

VOIR AUSSI :
Les nombres de 1 à 9 999, 1
Les grands nombres, 3
Comparaison des nombres entiers, 4

3 Nombres

LES GRANDS NOMBRES

COMPRENDRE

CM **Comment écrire, en chiffres, la population de la Terre ?**

On utilise le tableau :

classe des milliards			classe des millions			classe des mille			classe des unités simples		
c	d	u	c	d	u	c	d	u	c	d	u
		6	1	2	4	0	0	0	0	0	0

6 milliards — 124 millions — On complète par des zéros

Il ne faut pas oublier de laisser un *espace* entre les classes : 6124000000 s'écrit 6 124 000 000 .

OUVRIR L'ŒIL

Attention aux **zéros intercalés** !

208 307 010 se lit : deux cent huit millions trois cent sept mille dix.

10 000 005 900 se lit : dix milliards cinq mille neuf cents.

APPRENDRE

CM **Comment écrire un grand nombre en lettres ?**

On veut écrire 28 426 307 400.
On peut s'aider d'un tableau.

milliards			millions			mille			unités simples		
c	d	u	c	d	u	c	d	u	c	d	u
	2	8	4	2	6	3	0	7	4	0	0

28 milliards — 426 millions — 307 mille — 4 cents

On écrit : vingt-huit milliards quatre cent vingt-six millions trois cent sept mille quatre cents.

La population de la Terre est estimée à ***six milliards cent vingt-quatre millions*** *d'habitants.*
Ce nombre, en chiffres, s'écrit **6 124 000 000.**

CM ● **Que représentent les chiffres dans un grand nombre comme 378 426 000 000 ?**

nombre de milliards	nombre de millions		
378	426	000	000
↑ chiffre des centaines de milliards	↑ chiffre des dizaines de millions		

UTILISER SES CONNAISSANCES

● *Écrire, en chiffres, les nombres suivants, et souligner le chiffre qui représente les dizaines de millions :*
– trente-cinq millions,
– neuf cent quarante millions douze mille,
– soixante-huit milliards.

<u>3</u>5 000 000   9<u>4</u>0 012 000   68 0<u>0</u>0 000 000 .

● *Écrire les nombres* 107 milliards 200 millions *et* 1 milliard 10 mille 15 *comme dans l'exemple.*

Exemple : 25 millions 12 mille → vingt cinq millions douze mille → 25 012 000.

107 milliards 200 millions → cent sept milliards deux cents millions → 107 200 000 000.

1 milliard 10 mille 15 → un milliard dix mille quinze → 1 000 010 015.

● *Corriger ces écritures, puis écrire, en lettres, les nombres obtenus :*

100000012   6000900000.

100 000 012 → cent millions douze.

6 000 900 000 → six milliards neuf cent mille.

EN SAVOIR PLUS

Il existe encore d'autres classes de nombres : ainsi le **billion** qui vaut un million de millions, ou mille milliards, et le **trillion** qui vaut un million de billions, ou un milliard de milliards.

1 billion c'est 1 000 000 000 000.

1 trillion c'est 1 000 000 000 000 000 000.

VOIR AUSSI :
Comparaison des nombres entiers, 4
Décomposition d'un nombre, 6

COMPARAISON DES NOMBRES ENTIERS

COMPRENDRE

CE2

Comment comparer deux nombres entiers qui n'ont pas le même nombre de chiffres comme 932 et 1 405 ?

On compte le **nombre de chiffres** de chaque nombre.

Barbara a 932 points → 3 chiffres.

Jérôme a 1 405 points → 4 chiffres.

Le plus grand nombre est celui qui a le plus de chiffres. Donc 1 405 > 932.

APPRENDRE

CE2

Comment classer plusieurs nombres entiers ayant le même nombre de chiffres ?

On compare ces nombres *chiffre à chiffre* en partant de la **gauche**.

On veut comparer les prix de 3 motos :
un scooter : 4 230 € ;
un side-car : 8 300 € ;
une moto ancienne : 7 950 €.

- La comparaison des chiffres de gauche donne :
4 < 7 < 8.

- On peut donc écrire :

• Ordre **croissant** : 4 230 < 7 950 < 8 300
(du plus petit au plus grand).

• Ordre **décroissant** : 8 300 > 7 950 > 4 230
(du plus grand au plus petit).

Lorsque les deux chiffres de gauche sont identiques, par exemple 4 230 et 4 510, on compare les chiffres qui suivent : 4 230 et 4 510 ;
2 < 5 donc 4 230 < 4 510, et ainsi se suite.

OUVRIR L'ŒIL

- 417 < 837
se lit 417 **plus petit que** 837 ;

- 9 025 > 461
se lit 9 025 **plus grand que** 461.

- Une astuce :
la *pointe* du signe > ou du signe < est toujours dirigée vers le nombre *le plus petit.*

- Pour bien comparer des nombres, il faut s'aider des *espaces* entre les classes. Ainsi, on peut mieux compter le nombre de chiffres.

Voici le total des points obtenus par deux enfants à la fin d'une partie d'un jeu électronique.

Barbara : 932 points ; Jérôme : 1 405 points.

C'est Jérôme qui a le plus de points.

CM

Comment classer des grands nombres ?

Voici les populations de trois pays :

États-Unis : 274 000 000 d'habitants ;
Japon : 127 000 000 d'habitants ;
France : 61 000 000 d'habitants.

■ *Étape* 1

On compare le *nombre de chiffres* de chaque nombre : 61 000 000 (8 chiffres) est plus petit que les deux autres nombres (9 chiffres).

■ *Étape* 2

On compare les premiers chiffres de chaque nombre de 9 chiffres :

$$127\,000\,000 < 274\,000\,000 \text{ car } 1 < 2.$$

On a donc deux classements possibles :

– par ordre **croissant** :

$$61\,000\,000 < 127\,000\,000 < 274\,000\,000 ;$$

– par ordre **décroissant** :

$$274\,000\,000 > 127\,000\,000 > 61\,000\,000.$$

EN SAVOIR PLUS

● **Croissant** vient de *croître* qui signifie grandir.

(Du plus petit au plus grand.)

● **Décroissant** est le contraire de croissant.

(Du plus grand au plus petit.)

UTILISER SES CONNAISSANCES

CE2 ● *Classer les nombres suivants dans l'ordre croissant :*

2 020 ; 020 ; 2 022 ; 220 ; 2 222 ; 9 220.

$020 < 220 < 2\,020 < 2\,022 < 2\,222 < 9\,220.$

CM ● *Classer les nombres suivants dans l'ordre décroissant :*

100 000 ; 1 001 000 ; 1 100 000 ; 10 000 000 ; 1 010 000.

$10\,000\,000 > 1\,100\,000 > 1\,010\,000 > 1\,001\,000 > 100\,000.$

VOIR AUSSI :
Valeurs approchées, encadrement, 5
Décomposition d'un nombre, 6

5 NOMBRES

VALEURS APPROCHÉES ENCADREMENT

COMPRENDRE

● Qu'appelle-t-on valeur approchée d'un nombre ?

Voici plusieurs valeurs approchées de 32 541 :

■ *à la dizaine près*

chiffre des dizaines

32 540	32 541	32 550
valeur approchée à **10** près par défaut		valeur approchée à **10** près par excès

■ *à la centaine près*

chiffre des centaines

32 500	32 541	32 600
valeur approchée à **100** près par défaut		valeur approchée à **100** près par excès

■ *à l'unité de mille près*

chiffre des unités de mille

32 000	32 541	33 000
valeur approchée à **1 000** près par défaut		valeur approchée à **1 000** près par excès

CM **● Comment réaliser un encadrement à 1 millier près ?**

On intercale le nombre donné entre ses valeurs approchées au *millier* près :

32 000	<	32 541	<	33 000
valeur par défaut		nombre donné		**valeur par excès**

Les valeurs approchées au millier près se terminent par **000**.

OUVRIR L'ŒIL

● Rappel :
1 millier = 1 000 ;
1 centaine = 100.

● Pour encadrer

– à la *dizaine* près : les valeurs approchées doivent se terminer par **0** ;

– à la *centaine* près : les valeurs approchées doivent se terminer par **00** ;

– au *millier* près : les valeurs approchées doivent se terminer par **000**.

La rencontre de football Paris-Saint-Germain/Marseille a attiré 32 541 *spectateurs.*

– *La* **valeur approch e** *de ce nombre est, au millier près :* **32 000** ***par défaut ;*** **33 000** ***par excès.***

– *Son* **encadrement** *s'écrit :* **32 000 < 32 541 < 33 000** .

CM

● Comment réaliser un encadrement à la centaine près ?

On intercale le nombre donné entre ses valeurs approchées à la *centaine* près :

32 500 < 32 541 < 32 600

valeur par défaut — **valeur par excès**

Les valeurs approchées à la centaine près se terminent par **00**.

UTILISER SES CONNAISSANCES

● *Quelle est la valeur approchée, à* 1 000 *près, des nombres suivants ?*

17 260 *;* 103 846 .

17 000 < 17 260 < 18 000 ; 103 000 < 103 846 < 104 000 .

● *Encadrer les nombres suivants à* 100 *près :*

134 *;* 2 635 *;* 17 934 *;* 102 712 .

100 < 134 < 200 ; 2 600 < 2 635 < 2 700 ;

17 900 < 17 934 < 18 000 ; 102 700 < 102 712 < 102 800 .

● *Trouver la valeur approchée de* 467 641 *:*

à 10 *près par défaut* ⟶ 467 640 ;

à 100 *près par défaut* ⟶ 467 600 ;

à 1 000 *près par excès* ⟶ 468 000 ;

à 10 000 *près par excès* ⟶ 470 000.

EN SAVOIR PLUS

Habituellement, on choisit comme valeur approchée celle qui est **la plus proche** du nombre donné. Pour cela, on compare l'écart entre le nombre et ses valeurs approchées par excès et par défaut : 65 700 est plus proche de 66 000 (écart 300) que de 65 000 (écart 700). On dira donc, qu'à mille près, la valeur approchée de 65 700 est 66 000.

VOIR AUSSI :
Comparaison des nombres entiers, 4

6

NOMBRES

DÉCOMPOSITION D'UN NOMBRE

COMPRENDRE

CM ● Comment décomposer un nombre par classe ?

81 700 000 = 81 millions 700 mille.

(81 × 1 000 000) + (700 × 1 000)

$$\begin{array}{r} 81 \times 1\,000\,000 = 81\,000\,000 \\ +\ 700 \times \quad 1\,000 = \quad 700\,000 \\ \hline 81\,700\,000 \end{array}$$

CM ● Comment décomposer un nombre par chiffre ?

81 700 000

- → 8 dizaines de millions (8 × 10 000 000)
- → 1 unités de millions (1 × 1 000 000)
- → 7 centaines de mille (7 × 100 000)

Donc :

$$\begin{array}{r} 8 \times 10\,000\,000 = 80\,000\,000 \\ +\ 1 \times \quad 1\,000\,000 = \quad 1\,000\,000 \\ +\ 7 \times \quad 100\,000 = \quad 700\,000 \\ \hline 81\,700\,000 \end{array}$$

CM ● Comment retrouver un nombre à partir de sa décomposition par chiffre ?

Le nombre que l'on recherche a : **2** dizaines de millions, **6** unités de millions, **4** centaines de mille, **3** dizaines de mille et **8** unités de mille.

2 dizaines de millions	→ 10 000 000 × 2 =	20 000 000
6 unités de millions	→ 1 000 000 × 6 =	6 000 000
4 centaines de mille	→ 100 000 × 4 =	400 000
3 dizaines de mille	→ 10 000 × 3 =	30 000
8 unités de mille	→ 1 000 × 8 =	8 000

OUVRIR L'ŒIL

Avant de décomposer un nombre, il faut se rappeler qu'une classe compte **3 rangs** : les unités, les dizaines et les centaines, et que les classes sont séparées par un **espace**.

Exemple :

```
 cdu  cdu  cdu
  16  876  000
  ↑    ↑    ↑
           espace
       espace
 pas de centaine
   de millions
```

La population de l'Allemagne est de 81 700 000 *habitants.*
Voici ce nombre décomposé :
- ***par classe :***
81 700 000 = 81 000 000 + 700 000 = (81 × 1 000 000) + (700 × 1 000),
- ***par chiffre :***
81 700 000 = (8 × 10 000 000) + (1 × 1 000 000) + (7 × 100 000).

On additionne

```
   20 000 000
+   6 000 000
+     400 000
+      30 000
+       8 000
-------------
   26 438 000
```

Le nombre cherché est 26 438 000.

UTILISER SES CONNAISSANCES

● *Décomposer le nombre* 9 363 000 *par classe, puis par chiffre.*

Par classe : 9 363 000 = (9 × 1 000 000) + (363 × 1 000).
Par chiffre :
9 363 000 = (9 × 1 000 000) + (3 × 100 000) + (6 × 10 000) + (3 + 1 000).

● *Retrouver le nombre qui a été décomposé par classe :* (8 × 1 000 000) + (3 × 1 000) + 200.

Le nombre décomposé par classe est :
8 000 000 + 3 000 + 200 = 8 003 200.

● *Un nombre a* 63 *unités de mille. Son chiffre des centaines est* 4, *et celui des dizaines est zéro.*
Quel est le chiffre des unités simples, sachant que la somme des cinq chiffres est 15 *? Quel est le nombre ?*

63 unités de mille = 63 000
4 centaines = 400
0 dizaine = 00
u représente les unités simples

Le nombre s'écrit : 63 40**u**. (**u** : chiffres des unités simples)

On sait que 6 + 3 + 4 + 0 + **u** = 15. Donc **u** = 2.
Le nombre cherché est 63 402.

EN SAVOIR PLUS

● 10 = 10^1.
100 = 10 × 10 = 10^2.
1 000 = 10 × 10 × 10 = 10^3.
10 000 = 10 × 10 × 10 × 10 = 10^4.
100 000 = 10^5.
1 000 000 = 10^6.
Dans 10^3, **3** s'appelle l'*exposant*. Cet exposant représente **le nombre de zéros**.
10, 10^2, 10^3, 10^4, 10^5 sont des **puissances** de 10.
En utilisant les puissances de 10,
75 360 000 peut s'écrire :
75 360 000 = (7 × 10^7) + (5 × 10^6) + (3 × 10^5) + (6 × 10^4)
ou
75 360 000 = (75 × 10^6) + (360 × 10^3).

● 1 million = 10^6
1 milliard = 10^9.

VOIR AUSSI :
Les grands nombres, 3

7 NOMBRES

MULTIPLES ET DIVISEURS

COMPRENDRE

CM ● **Comment trouver les 4 premiers multiples de 7 ?**

En cherchant dans la table de multiplication par 7 :

$$7 \times 1 = 7$$
$$7 \times 2 = 14$$
$$7 \times 3 = 21$$
$$7 \times 4 = 28\,.$$

CM ● **Comment obtenir d'autres multiples de 7 ?**

En multipliant 7 par un autre nombre.
Par exemple $7 \times 11 = 77$ ou $7 \times 200 = 1\,400$.

CM ● **Comment savoir si un nombre est un diviseur de 21 ?**

▪ Le **reste** de la division de 21 par ce nombre doit être **0**.
Donc **3** est un *diviseur* de 21.

```
21 | 3  ← diviseur de 21
 0 | 7
 ↖ reste
```

▪ 21 : 1 = 21 reste 0.
21 : 21 = 1 reste 0.
21 : 7 = 3 reste 0.

1, **21** et **7** sont aussi des *diviseurs* de 21.

▪ 4 n'est pas un diviseur de 21 car le reste n'est pas 0.

```
21 | 4
 1 | 5
reste ↗
```

CM ● **Vocabulaire**

Lorsque l'on écrit :

- $7 \times 3 = 21$ → 21 est un **multiple** de 7 et de 3.
- 21 : 3 = 7 reste 0 → 3 est un **diviseur** de 21.

Quand on écrit : 30 : <u>5</u> = 6 reste 0 et 45 : <u>5</u> = 9 reste 0 , on voit que 5 est un **diviseur commun** à 30 et 45.

OUVRIR L'ŒIL

● Certains nombres ne sont divisibles que par eux-mêmes ou par 1 ; ce sont des **nombres premiers**.

Par exemple, 1, 3, 5, 7, 11, 13, 17 sont des nombres premiers.

Les quatre premiers ***multiples*** *de* 7 *sont :* 7, 14, 21 *et* 28.

Les quatre ***diviseurs*** *de* 21 *sont :* 1, 3, 7 *et* 21.

UTILISER SES CONNAISSANCES

● *Quels sont les six premiers multiples de 9 ?*

9 ; 18 ; 27 ; 36 ; 45 ; 54.

● *Quel est le multiple de 8 le plus proche de 70 ?*

$8 \times 8 = 64$; $8 \times 9 = 72$.

72 est le multiple de 8 le plus proche de 70.

● *Quel est le multiple de 5 qui suit chacun des nombres suivants ?*

47 ; 92 ; 99 ; 128.

50 ; 95 ; 100 ; 130.

● *Quels sont tous les diviseurs de 32 ?*

$32 : 1 = 32$; $32 : 2 = 16$; $32 : 4 = 8$;
$32 : 8 = 4$; $32 : 16 = 2$; $32 : 32 = 1$.

1, 2, 4, 8, 16, 32 sont les diviseurs de 32.

● *Établir la liste des diviseurs communs à 56 et 72.*

Diviseurs de 56 : 1, 2, 4, 7, 8, 14, 28, 56.

Diviseurs de 72 : 1, 2, 3, 4, 6, 8, 9, 12, 18, 24, 36, 72.

Diviseurs communs à 56 et 72 : 1, 2, 4, 8.

EN SAVOIR PLUS

$20 \times 7 = 140$;

$7 \times 20 = 140$;

140 est un multiple de 20 et de 7 ;

140 est divisible par 20 et par 7 ;

20 et **7** sont des diviseurs de 140.

VOIR AUSSI :
Divisibilité par 2 et par 5, 8
Divisibilité par 3 et par 9, 72

8

Nombres

DIVISIBILITÉ PAR 2 ET PAR 5

COMPRENDRE

Pourquoi la maîtresse fait-elle des groupes de 5 ?

25 : 2 = 12 ; reste 1 → Les élèves ne peuvent pas être tous groupés par 2.

Il reste 1 élève.

25 : 5 = 5 ; reste 0 → Les élèves peuvent être tous groupés par 5.

Le reste est 0.

APPRENDRE

Quand un nombre est-il divisible par 2 ?

2	× 1	= **2**
2	× 2	= **4**
2	× 3	= **6**
2	× 4	= **8**
2	× 5	= **10**
2	× 6	= **12**
2	× 20	= **40**
2	× 38	= **76**

Les nombres de la colonne de droite sont tous des multiples de 2 ;
ils sont donc divisibles par 2.

Ils se terminent tous par **0**, **2**, **4**, **6** ou **8**.

Ce sont des nombres **pairs**.

Un nombre est divisible par 2 quand le chiffre des unités est pair.

Quand un nombre est-il divisible par 5 ?

5	× 1	= **5**
5	× 2	= **10**
5	× 3	= **15**
5	× 4	= **20**
5	× 5	= **25**
5	× 6	= **30**
5	× 12	= **60**
5	× 23	= **115**
5	× 40	= **200**
5	× 65	= **325**

Les nombres de la colonne de droite sont tous des multiples de 5 ;
ils sont donc divisibles par 5.

Ils se terminent tous par **0** ou **5**.

Un nombre est divisible par 5 quand le chiffre de ses unités est 0 ou 5.

OUVRIR L'ŒIL

Un nombre est divisible à la fois par **2** et par **5** quand le chiffre de ses unités est **0**.
Dans ce cas, il est aussi divisible par **10**.

Par exemple, 40 :
40 : 2 = 20 ;
40 : 5 = 8 ;
40 : 10 = 4.

Une classe est formée de 25 élèves.
La maîtresse veut constituer des équipes ayant toutes le même nombre d'élèves.
***Elle peut grouper les élèves par 5**, elle aura 5 équipes complètes, **mais pas par 2** : dans ce cas elle aura 12 équipes complètes et 1 élève tout seul.*

UTILISER SES CONNAISSANCES

● *Dans la liste suivante, quels sont les nombres divisibles par 2 ?*

12, 27, 81, 130, 2 000, 20 014, 137 000.

12 ; 130 ; 2 000 ; 20 014 ; 137 000.

● *Quels sont les nombres divisibles par 5, compris entre 100 et 130 ?*

105 ; 110 ; 115 ; 120 ; 125.

● *Si l'on divise par 2 les nombres 13, 35, 69, quel sera le reste ?*
Que constate-t-on ?

13 : 2 = 6 reste 1 ;
35 : 2 = 17 reste 1 ;
69 : 2 = 34 reste 1.
Lorsqu'un nombre n'est pas divisible par 2, le reste est toujours 1.

● *Dans la liste suivante, entourer tous les nombres divisibles à la fois par 2 et par 5.*
Que constate-t-on ?

41, 28, 30, 69, 960, 1 000, 2 305, 23 050.

30 ; 960 ; 1 000 ; 23 050.
Ces nombres sont aussi divisibles par 10 (5 × 2).

EN SAVOIR PLUS

Comment trouver le reste de la division d'un nombre par 5 ?

1er *cas :*
le chiffre des unités est inférieur à 5 ; le reste est **égal** au chiffre des unités :

12<u>3</u> : 5 ; reste 3.

2e *cas :*
le chiffre des unités est supérieur à 5 ; il faut **soustraire** 5 à ce chiffre pour trouver le reste :

26<u>9</u> : 5
9 – 5 = 4 ; reste 4.

VOIR AUSSI :
Multiples et diviseurs, 7
Divisibilité par 3 et par 9, 72

9

NOMBRES

LES FRACTIONS (1) PRÉSENTATION

COMPRENDRE

CM ● **Comment écrire un quart d'heure sous la forme d'une fraction ?**

Cette durée peut se représenter ainsi : disque partagé en 4 parts **égales** avec **1** part coloriée.

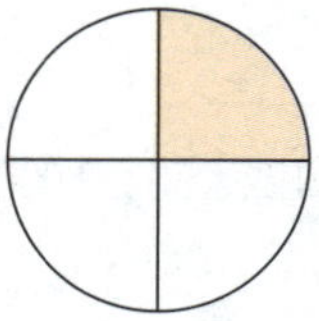

Un quart d'heure s'écrit $\frac{1}{4}$ d'heure.

Dans la **fraction** $\frac{\mathbf{1}}{\mathbf{4}}$ ⟵ 1 est le **numérateur** ; ⟵ 4 est le **dénominateur**.

APPRENDRE

CM ● **Comment écrire d'autres fractions simples ?**

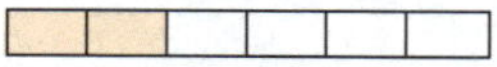

2 parts coloriées sur 6 ⟶ $\frac{2}{6}$.

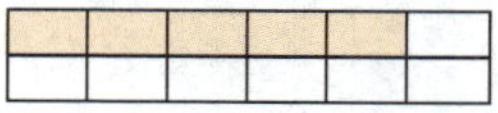

5 parts coloriées sur 12 ⟶ $\frac{5}{12}$.

3 parts coloriées sur 3 ⟶ $\frac{3}{3}$.

CM ● **Comment lire une fraction ?**

On lit : **1)** le numérateur

2) le dénominateur suivi de « ième(s) ».

$\frac{2}{6}$ se lit deux sixièmes ; $\frac{5}{12}$ se lit cinq douzièmes.

Il y a des exceptions :

$\frac{1}{2}$ se lit **un demi** ; $\frac{1}{3}$ se lit **un tiers** ;

$\frac{1}{4}$ se lit **un quart**.

OUVRIR L'ŒIL

● Voici d'autres fractions de l'heure :

une demi-heure : $\frac{1}{2}$

trois quarts d'heure : $\frac{3}{4}$.

● Dans une heure, il y a **60 minutes**.

1 minute représentent donc $\frac{1}{60}$ d'heure.

La récréation commence à 10 h *et se termine à* 10 h 15 *:*
elle dure un quart d'heure.

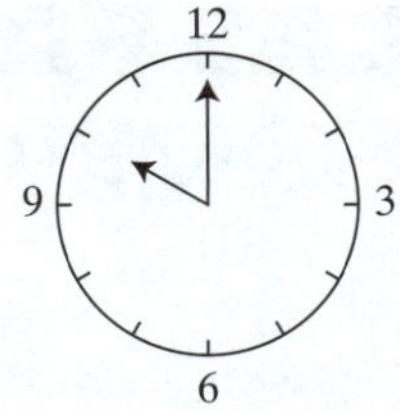

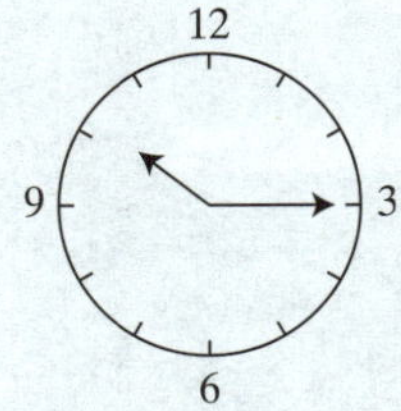

UTILISER SES CONNAISSANCES

● *Indiquer quelle fraction du disque est coloriée :*

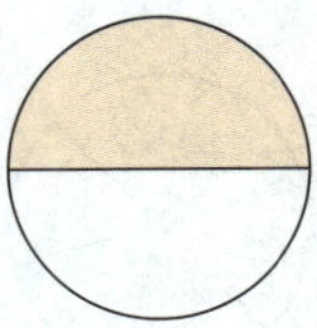

$\frac{1}{2}$

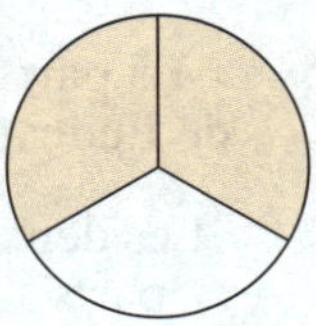

$\frac{2}{3}$

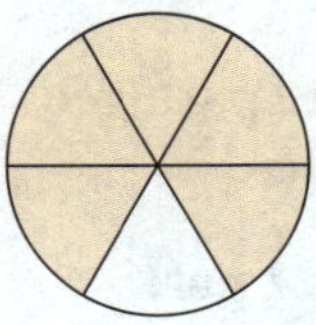

$\frac{5}{6}$

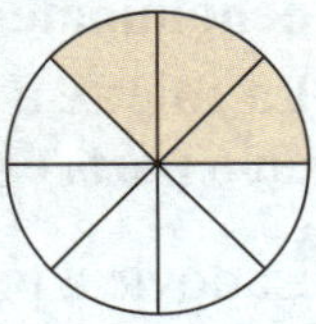

$\frac{3}{8}$

● *Colorier la partie de chaque dessin qui correspond à la fraction.*

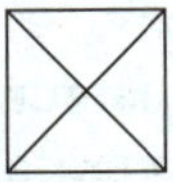

$\frac{3}{4}$

Colorier 3 parts

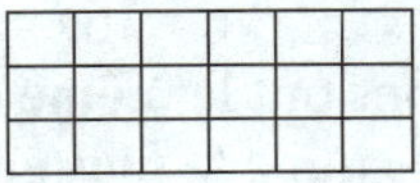

$\frac{10}{18}$

Colorier 10 parts

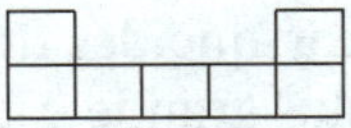

$\frac{7}{7}$

Colorier les 7 parts

● *Écrire ces fractions en lettres après les avoir lues à voix haute.*

$\frac{4}{5}$ ⟶ quatre cinquièmes.

$\frac{3}{3}$ ⟶ trois tiers.

$\frac{17}{20}$ ⟶ dix-sept vingtièmes.

$\frac{1}{9}$ ⟶ un neuvième.

EN SAVOIR PLUS

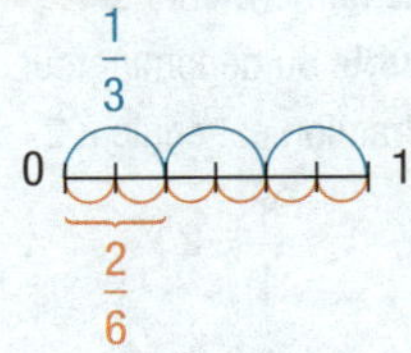

Les fractions $\frac{1}{3}$ et $\frac{2}{6}$ représentent la même longueur de segment. Elles sont **équivalentes**.

Lorsque deux fractions sont équivalentes, on passe de l'une à l'autre à l'aide d'un **même opérateur**, ici ⟶(× 2)⟶

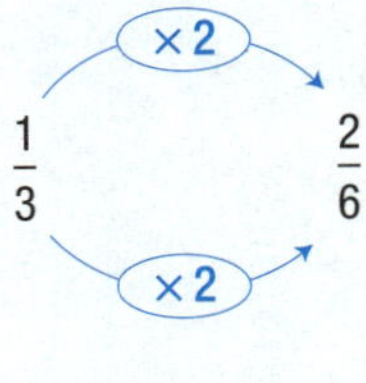

VOIR AUSSI :
Les fractions (2), comparaison, 10
De la fraction décimale au nombre décimal, 11

10

NOMBRES

LES FRACTIONS (2)
COMPARAISON

OUVRIR L'ŒIL

Si le numérateur est le **double** du dénominateur, la fraction est égale à **2**.

$\frac{8}{4} = 2$.

Si le numérateur est le **triple** du dénominateur, la fraction est égale à **3**.

$\frac{9}{3} = 3$.

Et ainsi de suite…

COMPRENDRE

CM ● **Comment comparer des fractions ayant le même dénominateur ?**

La galette a été partagée en **6 parts égales**.

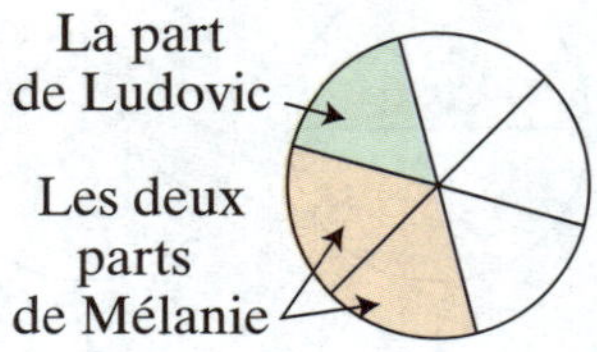

Ludovic a pris **1 part** de la galette, soit $\frac{1}{6}$.

Mélanie a pris 2 parts de la galette, soit $\frac{2}{6}$.

Comme les parts sont égales, c'est bien Mélanie qui a mangé le plus de galette $\left(\frac{2}{6} > \frac{1}{6}\right)$.

Lorsque des fractions ont le **même dénominateur** la plus grande est celle qui a le **plus grand numérateur**.

APPRENDRE

CM ● **Comment comparer des fractions à l'unité, c'est-à-dire à 1 ?**

- On a colorié 2 parts sur 3, soit les $\frac{2}{3}$ de la bande.

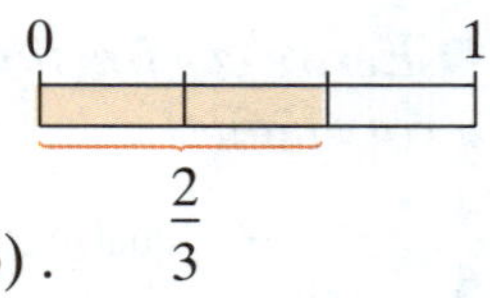

numérateur (2) < dénominateur (3) .

La fraction $\frac{2}{3}$ est **inférieure** à 1.

- On a colorié 3 parts sur 3, soit les $\frac{3}{3}$ de la bande.

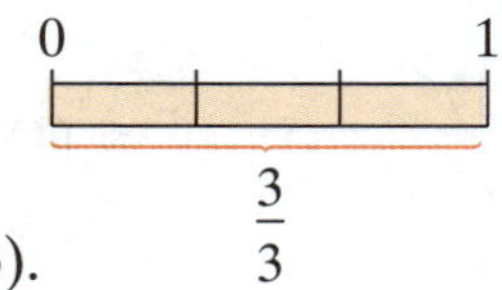

numérateur (3) = dénominateur (3).

La fraction $\frac{3}{3}$ est **égale** à 1.

« *J'ai mangé* $\frac{1}{6}$ *de la galette des Rois », dit Ludovic.*

« *Et moi, j'en ai mangé les* $\frac{2}{6}$ *», dit Mélanie.*

C'est Mélanie qui a mangé le plus de galette.

- On a colorié 1 part de plus que la bande, soit les $\frac{4}{3}$ de la bande.

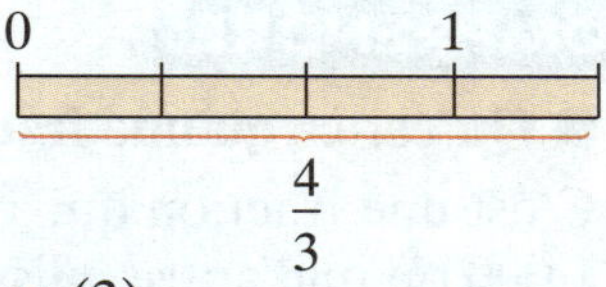

numérateur (4) > dénominateur (3).

La fraction $\frac{4}{3}$ est **supérieure** à 1.

UTILISER SES CONNAISSANCES

- *Comparer les fractions suivantes en utilisant le signe* $<$ *ou* $>$.

$$\frac{5}{8} \dots \frac{4}{8}\ ;\ \frac{1}{10} \dots \frac{9}{10}\ ;\ \frac{7}{4} \dots \frac{4}{4}\ ;\ \frac{16}{17} \dots \frac{18}{17}.$$

$\frac{5}{8} > \frac{4}{8}$; $\frac{1}{10} < \frac{9}{10}$; $\frac{7}{4} > \frac{4}{4}$; $\frac{16}{17} < \frac{18}{17}$.

- *Placer les fractions* $\frac{3}{12}$, $\frac{12}{12}$, $\frac{7}{12}$ *et* $\frac{14}{12}$ *sur le segment gradué. Classer ces fractions dans l'ordre décroissant.*

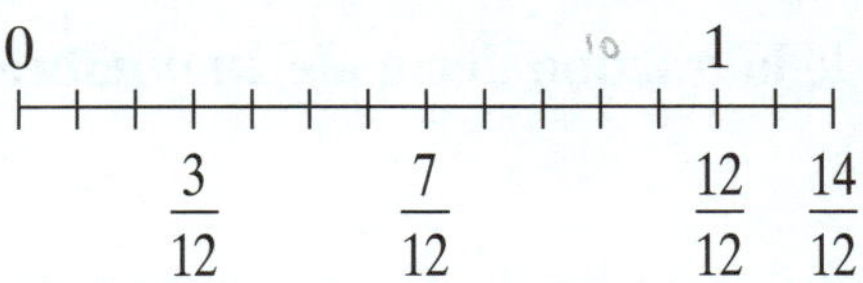

$\frac{14}{12} > \frac{12}{12} > \frac{7}{12} > \frac{3}{12}$.

- *Indiquer les fractions inférieures, égales ou supérieures à 1.*

$$\frac{3}{9}\ ;\ \frac{3}{3}\ ;\ \frac{1}{4}\ ;\ \frac{7}{2}\ ;\ \frac{5}{7}\ ;\ \frac{5}{5}\ ;\ \frac{9}{4}\ ;\ \frac{13}{13}\ ;\ \frac{20}{18}.$$

inférieures à 1 : $\frac{3}{9}$; $\frac{1}{4}$; $\frac{5}{7}$; égales à 1 : $\frac{3}{3}$; $\frac{5}{5}$; $\frac{13}{13}$;

supérieures à 1 : $\frac{7}{2}$; $\frac{9}{4}$; $\frac{20}{18}$.

EN SAVOIR PLUS

Lors qu'une fraction est supérieure à 1, on peut la décomposer en une **somme d'un nombre entier et d'une fraction.**

- $\frac{3}{2} = \frac{2}{2} + \frac{1}{2}$
$= 1 + \frac{1}{2}$.

- $\frac{7}{3} = \frac{3}{3} + \frac{3}{3} + \frac{1}{3}$
$= 1 + 1 + \frac{1}{3}$
$= 2 + \frac{1}{3}$.

VOIR AUSSI :
Les fractions (1), présentation, 9
De la fraction décimale au nombre décimal, 11

11 NOMBRES

DE LA FRACTION DÉCIMALE AU NOMBRE DÉCIMAL

COMPRENDRE

CM ● **Qu'est-ce qu'une fraction décimale ?**

C'est une fraction qui a pour dénominateur 10, 100, 1 000 ou une autre puissance de 10.

$\frac{8}{10}$, $\frac{8}{100}$, $\frac{8}{1\,000}$ sont des fractions décimales.

CM ● **Est-il possible de transformer une fraction non décimale en fraction décimale ?**

C'est possible si le dénominateur peut devenir 10, 100, 1 000 à la suite d'une multiplication (ou d'une division).

Ainsi $\frac{4}{5}$ devient : $\frac{4 \xrightarrow{\times 2} 8}{5 \xrightarrow{\times 2} 10}$

On **multiplie** le numérateur **et** le dénominateur par le même nombre pour obtenir une fraction équivalente dont le dénominateur est 10, 100, 1 000…

OUVRIR L'ŒIL

Chaque fois que cela est possible, il faut **simplifier** une fraction décimale en divisant le numérateur **et** le dénominateur par le **même nombre**.

$\frac{20}{100} = \frac{2}{10} = \frac{1}{5}$;
ici, on a divisé par 10, puis par 2.

$\frac{30}{100} = \frac{3}{10}$;
ici, on a divisé par 10.

$\frac{250}{1\,000} = \frac{25}{100} = \frac{1}{4}$;
ici, on a divisé par 10, puis par 25.

APPRENDRE

CM ● **Comment passer de la fraction décimale au nombre décimal ?**

▪ *Première méthode*

On décompose la fraction décimale en une **somme** de fractions décimales :

$$\frac{135}{100} = \frac{100}{100} + \frac{30}{100} + \frac{5}{100}$$

et on **simplifie** :

$$1 \qquad \frac{3\not{0}}{10\not{0}} + \frac{5}{100}$$

↓ 1 unité ↓ 3 dixièmes ↓ 5 centièmes

On reporte ensuite les résultats dans un tableau.

Un coureur à pied a effectué les $\frac{4}{5}$ *d'un parcours de* 1 *kilomètre.*

On peut dire aussi qu'il a effectué les $\frac{8}{10}$ *de la distance, soit* 0,8 km.

$\frac{8}{10}$ ***est une fraction décimale et 0,8 un nombre décimal.***

dizaines	unités	dixièmes	centièmes
	1,	3	5

Ce nombre s'écrit : **1**,35 (un virgule trente-cinq).

partie **entière** partie **décimale**

La partie entière est **à gauche** de la virgule, la partie décimale est **à droite** de la virgule.

■ *Deuxième méthode*

On **divise** le numérateur par le dénominateur :
135 : 100 = 1,35.
1,35 est un **nombre décimal**.

UTILISER SES CONNAISSANCES

● *Transformer en fraction décimale ayant* 10 *pour dénominateur :* $\frac{1}{2}$; $\frac{3}{5}$.

$\frac{1}{2} \rightarrow \frac{5}{10}$; $\frac{3}{5} \rightarrow \frac{6}{10}$.

● *Transformer, quand c'est possible, en fraction décimale ayant* 1 000 *pour dénominateur :* $\frac{7}{250}$; $\frac{3}{120}$; $\frac{3}{125}$.

$\frac{7}{250} \rightarrow \frac{28}{1\,000}$; $\frac{3}{120} \rightarrow$ impossible ; $\frac{3}{125} \rightarrow \frac{24}{1\,000}$.

● *Passer de la fraction décimale au nombre décimal :*

$\frac{63}{10}$; $\frac{48}{100}$.

$\frac{63}{10} = \frac{60}{10} + \frac{3}{10} = 6 + \frac{3}{10} = 6{,}3$;

$\frac{48}{100} = \frac{40}{100} + \frac{8}{100} = \frac{4}{10} + \frac{8}{100} = 0{,}48$.

EN SAVOIR PLUS

Il est important de **savoir passer** d'un *nombre décimal* à la *fraction décimale* correspondante.

Ainsi :

0,4 correspond à $\frac{4}{10}$;
↑ dixièmes

0,28 correspond à $\frac{28}{100}$;
↑ centièmes

0,234 correspond à $\frac{234}{1\,000}$.
↑ millièmes

VOIR AUSSI :
Les nombres décimaux (1) lecture et écriture, 12
Les nombres décimaux (2) comparaison, 13
Décomposition d'un nombre, 6

12

Nombres

LES NOMBRES DÉCIMAUX (1)

LECTURE ET ÉCRITURE

OUVRIR L'ŒIL

- Dans un nombre décimal, on peut **supprimer** le ou les zéro(s) qui se trouve(nt) à *droite* de la partie décimale.

3,50 = 3,5 ;

2,080 = 2,08 ;

130,0500 = 130,05.

- La partie décimale de 4,7 comporte 1 chiffre, celle de 4,71 comporte 2 chiffres, et celle de 4,715 comporte 3 chiffres.

COMPRENDRE

CM **● Comment lire un nombre décimal ?**

■ $2{,}7 = 2 + 0{,}7 = 2 + \frac{7}{10}$.

2 **unités** ; 7 **dixièmes**

2,7 se lit deux unités et sept dixièmes.
2,7 se lit également deux virgule sept.

■ $0{,}62 = \frac{62}{100}$ ← 62 **centièmes**.

0,62 se lit soixante-deux centièmes.
0,62 se lit également zéro virgule soixante-deux.

■ $3{,}898 = 3 + 0{,}898 = 3 + \frac{898}{1\,000}$.

3 **unités** ; 898 **millièmes**

3,898 se lit :
trois unités et huit cent quatre-vingt dix-huit millièmes
ou trois virgule huit cent quatre-vingt dix-huit.

APPRENDRE

CM **● Comment écrire, en chiffres, un nombre décimal ?**

Prenons par exemple le nombre suivant :
trois cent seize virgule sept cent vingt-cinq.
On décompose le nombre, puis on utilise un tableau :

centaines, dizaines, unités

$$(3 \times 100) + (1 \times 10) + (6 \times 1) + \left(7 \times \frac{1}{10}\right) + \left(2 \times \frac{1}{100}\right) + \left(5 \times \frac{1}{1\,000}\right)$$

dixièmes, **centièmes**, **millièmes**

Les mesures de longueurs suivantes étaient utilisées autrefois en France :
le ***pouce*** *:* 2,7 cm — *le* ***pas*** *:* 0,62 m — *la* ***lieue*** *:* 3,898 km.

deux unités et sept dixièmes	*zéro unité et soixante-deux centièmes*	*trois unités et huit cent quatre-vingt dix-huit millièmes*

Dans un tableau ce nombre s'écrit :

partie entière			**partie décimale**		
centaines	**dizaines**	**unités**	**dixièmes**	**centièmes**	**millièmes**
3	1	6,	7	2	5

L'écriture du nombre est : 316,725.

UTILISER SES CONNAISSANCES

● *Que représente le chiffre sept dans les nombres décimaux suivants ?*

104,75 ⟶ 7 dixièmes ;
107,051 ⟶ 7 unités ;
34,578 ⟶ 7 centièmes ;
1 000,007 ⟶ 7 millièmes.

● *Relier comme il convient :*

6,006 •	• *six centièmes*
0,06 •	• *six unités*
6,0 •	• *six dixièmes*
0,6 •	• *six unités six millièmes.*
6 •	

6,006 : six unités six millièmes ; 0,06 : six centièmes
6,0 : six unités ; 0,6 : six dixièmes ; 6 : six unités.

● *Écrire en chiffres :*

treize unités six centièmes ⟶ 13,06 ;
mille quinze unités un millième ⟶ 1 015,001 ;
cinq dixièmes ⟶ 0,5 ;
dix-neuf millièmes ⟶ 0,019 .

EN SAVOIR PLUS

Entre deux entiers successifs, on peut écrire une **infinité** de décimaux.

Entre 4 et 5 :
4,1 - 4,2 - 4,3 - 4,4 - 4,5 - 4,6 - 4,7 - 4,8 - 4,9.

Entre 4,3 et 4,4 :
4,31 - 4,32 - 4,33 … 4,39.

Entre 4,33 et 4,34 :
4,331 - 4,332 - 4,333 … 4,339.

Etc.

VOIR AUSSI :
Les nombres décimaux (2) comparaison, 13

13 NOMBRES

LES NOMBRES DÉCIMAUX (2)
COMPARAISON

OUVRIR L'ŒIL

Pour pouvoir **comparer** des parties décimales n'ayant pas le même nombre de chiffres, il est commode d'**écrire** des *zéros*.

Ainsi pour comparer 5,6 et 5,68 on écrit 5,6 = 5,6**0** et on compare 5,6**0** et 5,6**8**.

5,6**0** < 5,6**8**.

Pour comparer 16,783 et 16,7 on écrit 16,7 = 16,7**00** et on compare 16,7**83** et 16,7**00**.

16,7**83** > 16,7**00**.

COMPRENDRE

CM ● **Comment comparer les trois sommes d'argent ?**

On compare d'abord les **parties entières** (à gauche de la virgule) :

48 > 41 > 37 (48 = 48,00) .

On classe ensuite les nombres dans l'ordre choisi (croissant ou décroissant) :

ordre **décroissant** : 48 > 41,58 > 37,90 .

APPRENDRE

CM ● **Comment comparer des nombres décimaux ?**

■ *Nombres ayant la même partie entière*

On veut comparer 24,7 et 24,8.

On compare les chiffres des **dixièmes** : 8 > 7

donc 24,8 > 24,7.

■ *Nombres ayant la même partie entière et le même chiffre des dixièmes*

On veut comparer 10,37 et 10,39.

On compare les chiffres des **centièmes** : 9 > 7

donc 10,39 > 10,37.

■ *Nombres ayant la même partie entière et les chiffres des dixièmes et des centièmes identiques*

On veut comparer 31,465 et 31,469.

On compare les chiffres des **millièmes** : 9 > 5

donc 31,469 > 31,465.

CM ● **Quels sont les nombres décimaux, avec 1 chiffre à droite de la virgule, compris entre 2 entiers consécutifs ?**

Par exemple, entre 7 et 8, il y a **9** nombres décimaux ayant 1 chiffre à droite de la virgule :

7,1 ; 7,2 ; 7,3 ; 7,4 ; 7,5 ; 7,6 ; 7,7 ; 7,8 ; 7,9.

Adrien, Mélanie et Vincent comparent leurs économies.
Adrien a 41,58 €, *Mélanie* 48 € *et Vincent* 37,90 €.
C'est Mélanie qui a la plus grosse somme et c'est Vincent qui a la plus petite.

CM ● **Quels sont les nombres décimaux, ayant 2 chiffres à droite de la virgule, compris entre 2 décimaux ayant 1 chiffre à droite de la virgule ?**

Par exemple, entre 7,1 et 7,2, il y a **9** nombres décimaux avec 2 chiffres à droite de la virgule :

7,11 ; 7,12 ; 7,13 ; 7,14 ; 7,15 ; 7,16 ;
7,17 ; 7,18 ; 7,19.

UTILISER SES CONNAISSANCES

● *Classer dans l'ordre croissant :*

1,5 ; 1,05 ; 1,15 ; 1,105.

Pour comparer ces nombres qui ont tous la même partie entière, on ajoute des zéros à la partie décimale pour avoir le même nombre de chiffres à droite de la virgule.

1,5	1,05	1,15	1,105
↓	↓	↓	↓
1,500	1,050	1,150	1,105

On compare les chiffres des dixièmes :

$$1{,}\underline{0}50 < \begin{matrix} 1{,}\underline{1}50 \\ 1{,}\underline{1}05 \end{matrix} < 1{,}\underline{5}00\,.$$

On compare les chiffres des centièmes :

$$1{,}050 < 1{,}1\underline{0}5 < 1{,}1\underline{5}0 < 1{,}500\,.$$

● *Quels sont les nombres décimaux ayant un chiffre à droite de la virgule, compris entre* 10 *et* 11 *?*

10,1 ; 10,2 ; 10,3 ; 10,4 ; 10,5 ; 10,6 ; 10,7 ; 10,8 ; 10,9.

EN SAVOIR PLUS

Attention !
Lorsqu'on **compare** deux nombres décimaux, ce n'est pas celui qui a la plus de chiffres après la virgule qui est obligatoirement le plus grand.

Ainsi 230,025 est plus petit que 230,1.

VOIR AUSSI :
Les nombres décimaux (1) lecture et écriture, 12

Calcul

14

Calcul
Opérations

L'ADDITION
PROPRIÉTÉS

OUVRIR L'ŒIL

Dans une addition de 3 nombres, il est parfois pratique de regrouper 2 nombres pour obtenir des *dizaines entières* (10, 20, 30…)

7 + 4 + 13 = 7 + 13 + 4

20 + 4

20 + 4 = 24.

COMPRENDRE

CE2 ● **Comment écrire le nombre total de livres placés sur l'étagère ?**

On écrit le nombre total de livres sous la forme d'une somme :

10 + 8 ou 8 + 10

(10 : histoire, 8 : sciences) — (8 : sciences, 10 : histoire)

La somme 10 + 8 (ou 8 + 10) peut s'écrire aussi sous la forme du résultat de l'**addition** des deux nombres :

10 + 8 = **18** ou 8 + 10 = **18** .

+ (plus) est le *signe* de l'addition,

18 est le *résultat* de l'addition : c'est le **total**.

10 + 8 = 18 se lit dix plus huit égale dix-huit.

Dans une addition, on peut *inverser* l'ordre des nombres sans changer le résultat.

APPRENDRE

CE2 ● **Comment effectuer une addition de 3 nombres ?**

On veut additionner 12, 4 et 10.

L'ordre des nombres n'a pas d'importance.

12 + 4 + 10 peut s'écrire aussi

- 12 + 10 + 4
- 10 + 4 + 12
- 10 + 12 + 4
- 4 + 10 + 12
- 4 + 12 + 10 .

Sur une étagère, on a placé 10 *livres d'histoire et* 8 *livres de sciences.*

Le ***nombre total de livres*** *peut s'écrire :*

10 + 8 *ou* **8 + 10** *ou encore* **18***.*

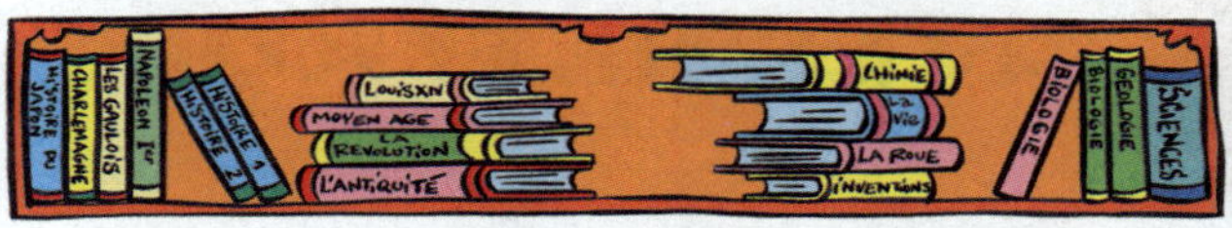

CE2

● Comment effectuer une addition qui comporte des parenthèses ?

On effectue d'abord la somme des nombres placés entre les parenthèses.

Par exemple :

(8 + 5) + 12 ou 8 + (5 + 12)

13 + 12 = 25 ou 8 + 17 = 25

ou encore : (8 + 12) + 5

20 + 5 = 25.

UTILISER SES CONNAISSANCES

● *Compléter les sommes :*

12 + 3 = … + 12 ⟶ 12 + 3 = 3 + 12

25 + 15 = 15 + … ⟶ 25 + 15 = 15 + 25

… + 30 = 30 + 40 ⟶ 40 + 30 = 30 + 40

10 + … = 16 + 10 ⟶ 10 + 16 = 16 + 10

12 + 9 + 4 = 12 + … + 9 ⟶ 12 + 9 + 4 = 12 + 4 + 9

18 + … + 7 = 3 + 18 + 7 ⟶ 18 + 3 + 7 = 3 + 18 + 7.

● *Placer les parenthèses où il convient :*

5 + 15 + 6 = 20 + 6 ⟶ (5 + 15) + 6 = 20 + 6

7 + 16 = 7 + 12 + 4 ⟶ 7 + 16 = 7 + (12 + 4).

● *Calculer en groupant les nombres dont la somme est une dizaine entière :*

11 + 9 + 8 = ⟶ (11 + 9) + 8 = 20 + 8 = 28

28 + 36 + 2 = ⟶ (28 + 2) + 36 = 30 + 36 = 66.

EN SAVOIR PLUS

Pour effectuer une addition de **4** nombres : on peut **grouper** les nombres par **2** puis en faire la somme :

12 + 5 + 3 + 8

17 + 11

On effectue ensuite la somme des 2 résultats obtenus :

17 + 11

28

On peut également faire les sommes « en cascade » :

12 + 5 + 3 + 8

17 + 3

20 + 8

28

VOIR AUSSI :

L'addition des nombres entiers avec retenue, 15

L'addition des entiers et des décimaux, 16

15
CALCUL
Opérations

L'ADDITION DES NOMBRES ENTIERS AVEC RETENUE

OUVRIR L'ŒIL

On place une **retenue** lorsque le total des chiffres d'une même colonne (unités, dizaines…) est **égal** ou **supérieur** à 10, 20, 30…

```
  du
  33
+ 45
----
   8 ← (5 + 3).
```

8 < 10 : il n'y a pas de retenue.

```
  d u
  6 7
+ 2 4
-----
 ①1 ← (7 + 4 = 11).
```

11 > 10 : il y a une retenue.

```
 ① ← retenue
  67
+ 24
----
  91
```

COMPRENDRE

CE2 ● **Comment trouver la dépense pour les deux achats ?**

En calculant la **somme** 45 + 38.

CE2 ● **Comment calculer cette somme ?**

On effectue l'**addition** 45 + 38.

■ *Étape* 1

On pose l'addition en plaçant :
– les **unités** sous les unités ;
– les **dizaines** sous les dizaines.

```
  d u
  4 5
+ 3 8
-----
```

■ *Étape* 2

On additionne les **unités** :

5 + 8 = 13 → 10 (1 dizaine) + 3 (unités)

```
retenue
  ↓
  ①
  4 5
+ 3 8
-----
    3
```

On pose 3 (unités) et on retient 1 (dizaine).

■ *Étape* 3

On additionne les dizaines :

4 + 3 + ① = 8.
↑ retenue

```
  ①
  4 5
+ 3 8
-----
  8 3
```

On pose **8** (dizaines).

Pour le séjour de Pascal en classe de neige, sa maman lui a acheté un anorak à 45 € et des chaussures à 38 €.
Elle a dépensé 83 € pour les deux achats.

APPRENDRE

CE2

● Comment additionner des nombres ayant plus de 2 chiffres ?

On veut additionner 2 538 et 607.

■ *Étape* 1

On place :
– les **unités** sous les unités ;
– les **dizaines** sous les dizaines…

```
  m c d u
  ①   ①
  2 5 3 8
+   6 0 7
---------
  3 1 4 5
```

■ *Étape* 2

On effectue l'addition : 2 538 + 607 = 3 145 .

UTILISER SES CONNAISSANCES

● *Cocher les additions qui comportent une retenue :*

```
   26         37         59        647
+  14 ☐    +  22 ☐    +   9 ☐   +   82 ☐
```

```
   26         37         59        647
+  14 ☒    +  22 ☐    +   9 ☒   +   82 ☒
 ----       ----       ----       ----
   40         59         68        729
```

● *Compléter les additions et indiquer les retenues :*

```
                ①                               ①①
   3 . 8        328          . 1 7 .          6 174
+    6 5  →   +  65        +   7 . 9   →    +   739
 -------       ----        ---------        -------
   3 9 .        393          6 . 1 3          6 913
```

● *Quelle est la recette totale d'un supermarché qui a enregistré les recettes suivantes :*

matin : 7 416 € ; *après-midi :* 1 645 (€) ?

La recette totale est 7 416 + 1 645 = 9 061 (€) .

EN SAVOIR PLUS

Pour savoir si une addition est juste, on peut en faire la **preuve**.
Pour faire la preuve, on refait l'addition en **inversant** l'ordre des nombres.

Addition :

```
   ①
   48
+ 317
-----
  365
```

Preuve :

```
   ①
  317
+  48
-----
  365
```

VOIR AUSSI :
L'addition, propriétés, 14
L'addition des nombres entiers et des décimaux, 16

16

CALCUL

Opérations

L'ADDITION DES NOMBRES ENTIERS ET DES DÉCIMAUX

OUVRIR L'ŒIL

Il est pratique d'écrire des zéros pour que les parties décimales aient le *même nombre de chiffres*.

Ainsi :

5,2 + 36,47 + 0,685

peut s'écrire :

```
     5,200
+   36,470
+    0,685
----------
=
```

et 34 + 15,65 peut s'écrire :

```
+   34,00
+   15,65
---------
=
```

COMPRENDRE

CM ● **Comment calculer la distance totale à parcourir ?**

On calcule la distance totale en effectuant l'**addition** 25,700 + 6,453 .

CM ● **Comment additionner des nombres décimaux ?**

■ *Étape* 1

On pose l'addition en plaçant :

– les **unités** sous les unités ;

– les **virgules** sous les virgules.

```
  unités
    ↓
   25,700
+   6,453
     ↑ virgules
```

■ *Étape* 2

On effectue l'addition **sans tenir compte des virgules.**

■ *Étape* 3

On place la virgule du résultat **sous** les autres virgules.

```
   retenue
     ↓
     1
   25,700
+   6,453
---------
   32,153
```

APPRENDRE

CM ● **Comment additionner des nombres entiers et des nombres décimaux ?**

On veut effectuer l'addition 0,16 + 524 + 3,641 .

■ *Étape* 1

On pose l'addition en plaçant les **unités** sous les unités et les **virgules** sous les virgules.

■ *Étape* 2

On effectue l'addition **sans tenir compte des virgules.**

```
            retenue
               ↓
unités →       1
          0,16
+       524
+         3,641
---------------
        527,801
```

Une épreuve sportive comprend :
– une course cycliste de 25,700 km *;*
– une course à pied de 6,453 km.

La distance totale à parcourir et de 32,153 km.

■ *Étape* 3

On place la virgule du résultat.
Il faut noter que 524 est un *nombre entier* : sa partie décimale est nulle.
524 = 524,**000**.

UTILISER SES CONNAISSANCES

● *Poser et effectuer les additions suivantes :*

a) 37,2 + 5,46 ;
8,179 + 95,6 .

a)
$$\begin{array}{r} \scriptsize{①}\\ 37,20\\ +\ 5,46\\ \hline 42,66 \end{array} \qquad \begin{array}{r} 8,179\\ \scriptsize{①}\ +\ 95,600\\ \hline 103,779 \end{array}$$

b) 715 + 0,29 + 6,7 ;
4 812 + 7,72 + 30 .

b)
$$\begin{array}{r} \scriptsize{①}\\ 715,00\\ +\ \ \ 0,29\\ +\ \ \ 6,70\\ \hline 721,99 \end{array} \qquad \begin{array}{r} 4812,00\\ +\ \ \ 7,72\\ +\ \ 30,00\\ \hline 4849,72 \end{array}$$

● *Effectuer les additions sans les poser :*

4,5 + 10,35 + 8 = ⟶ 4,5 + 10,35 + 8 = 22,85 ;
0,2 + 6,8 + 5,04 = ⟶ 0,2 + 6,8 + 5,04 = 12,04 .

● *Placer les virgules oubliées :*

7,3 + 15,46 = 2276 ⟶ 7,3 + 15,46 = 22,76 ;
532 + 256 = 557,6 ⟶ 532 + 25,6 = 557,6 .

● *Ludovic a acheté :*
des confitures : 2,28 €, *du beurre :* 1,35 €,
du jus de fruit : 3 €, *un poulet :* 10,50 €.
Combien a-t-il dépensé ?

Ludovic a dépensé :
2,28 + 1,35 + 3 + 10,50 = 17,13 (€).

EN SAVOIR PLUS

Le résultat d'une addition de nombres décimaux peut être un *nombre entier*.

$$\begin{array}{r} 9,35\\ +\ 26,65\\ \hline 36,00 \end{array}$$

36,**00** = 36 .

VOIR AUSSI :
L'addition, propriétés, 14
L'addition des nombres entiers avec retenue, 15
Les nombres décimaux (1) et (2), 12-13

17

Calcul

Opérations

LA SOUSTRACTION
PROPRIÉTÉS

OUVRIR L'ŒIL

Dans une soustraction en ligne, le nombre de gauche est **plus grand** que le nombre de droite ou **égal** à celui-ci.

12 – 5	12 > 5 .
20 – 18	20 > 18 .
31 – 31	31 = 31 .

Attention !

41 – 50

impossible car

41 < 50 .

COMPRENDRE

CE2 ● **Comment trouver le nombre d'œufs retirés de la boîte ?**

On effectue une soustraction :

12 – 5 = 7

- 12 ↑ nombre total d'œufs
- 5 ↑ nombre d'œufs restants
- 7 ↑ nombre d'œufs manquants

– (moins) est le *signe* de la soustraction.

12 – 5 = 7 se lit : douze moins cinq égale sept.

APPRENDRE

CE2 ● **Que peut-on trouver en faisant une soustraction ?**

▪ En effectuant une soustraction on peut trouver un **reste**.

Par exemple : Aurélie avait 20 €, elle a dépensé 15 €.
Il lui reste :

20 – 15 = 5 (€)

- 20 ↑ ce qu'Aurélie possédait
- 15 ↑ ce qu'elle a dépensé
- 5 ↑ le **reste**

▪ La soustraction permet également de trouver une **différence**.

Par exemple : Olivier a 8 ans. Sa grande sœur, Sophie, a 14 ans.
La différence d'âge entre les 2 enfants est de 6 ans.

14 – 8 = 5

- 14 ↑ âge de Sophie
- 8 ↑ âge d'Olivier
- 5 ↑ **différence** d'âge

La boîte pleine contenait 12 œufs.
Il reste 5 œufs dans la boîte.
On peut dire que ***7 œufs*** *ont été retirés de cette boîte.*

UTILISER SES CONNAISSANCES

- *Un enregistrement DVD coûte 25 €. Julien possède 20 €. Écrire la soustraction qui permet de trouver ce qu'il manque à Julien pour pouvoir payer ce DVD. Donner le résultat.*

Il manque à Julien : 25 – 20 = 5 (€) .

- *Écrire la soustraction qui permet de trouver le nombre de carreaux restants (en blanc). Indiquer le résultat.*

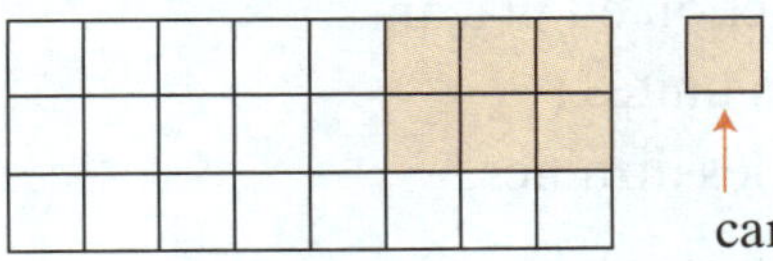

carreau enlevé

Il reste : 24 – 6 = 18 (carreaux).

- *En utilisant 2 des 3 nombres proposés, écrire toutes les différences qu'il est possible de calculer. Indiquer les résultats. Nombres proposés : 30 ; 24 ; 19.*

30 – 24 = 6 ;   30 – 19 = 11 ;   24 – 19 = 5 .

- *Compléter le tableau :*

ce que j'avais	***ce que j'ai dépensé***	***ce qu'il me reste***
15 €	5 €	
28 €		8 €

Ce qu'il me reste : 15 – 5 = 10 (€) .
Ce que j'ai dépensé : 28 – 8 = 20 (€) .

EN SAVOIR PLUS

À **1** addition correspondent toujours **2** soustractions.

Par exemple, à l'addition :

21 + 5 = 26

correspondent les soustractions suivantes :

1re soustraction :

26 – 21 = 5 ;

2e soustraction :

26 – 5 = 21.

VOIR AUSSI :
La soustraction des nombres entiers avec retenue, 18
La soustraction des nombres entiers et des décimaux, 20

18
CALCUL
Opérations

LA SOUSTRACTION DES NOMBRES ENTIERS AVEC RETENUE

COMPRENDRE

CE2 ● **Comment trouver le nombre d'enfants restés dans l'autocar ?**

On trouve le nombre d'enfants restés dans l'autocar en calculant la **différence** 53 – 27 .

CE2 ● **Comment calculer cette différence ?**

On effectue la **soustraction** 53 – 27 .

■ *Étape* 1

On pose la soustraction en plaçant :
– les **unités** sous les unités ;
– les **dizaines** sous les dizaines.

```
  d u
  5 3
– 2 7
-----
```

■ *Étape* 2

On soustrait les **unités**.

La soustraction des unités est impossible car 7 > 3 .

On procède donc ainsi :

on *enlève* 1 dizaine à 5
5 – 1 = 4

on *ajoute* 10 unités à 3
(10 + 3 = 13)

```
    4
    ↑
    5̸  ①3      ← ① est la retenue
–   2   7
---------
13 – 7 = 6 →  6
```

■ *Étape* 3

On soustrait les **dizaines**.

```
    4
    ↑
    5̸  ①3
–   2   7
---------
4 – 2 = 2 →  2   6
```

OUVRIR L'OEIL

Il faut bien placer les **retenues** pour éviter de commettre des erreurs de calcul.

Dans le nombre du haut, on peut choisir de la placer toujours à gauche du chiffre concerné.

```
    6    ①1
–   2+①   4
-----------
```

Dans ce cas, on reporte la retenue (précédée du signe +) dans le nombre du bas, à la droite du chiffre qui convient.

53 enfants ont pris place dans un autocar.
Lors d'un arrêt, 27 enfants descendent.
Dans l'autocar, ***il reste alors 26 enfants.***

APPRENDRE

CE2 ● **Peut-on effectuer une soustraction à retenue d'une autre façon ?**

Il est possible d'effectuer une soustraction selon une autre méthode.

■ *Étape* 1
On ajoute une retenue (10 unités) à 53, puis on ajoute une retenue équivalente (1 dizaine) à 27.

■ *Étape* 2
On effectue la soustraction :
unités : 13 – 7 = 6
dizaines : 5 – (2 + ①) = 2 .

retenue

retenue

	5	①3
–	2+①	7
	2	6

UTILISER SES CONNAISSANCES

● *Effectuer les soustraction en utilisant la 1re méthode* (COMPRENDRE) *:*

74	→	6		485	→	3	
		~~7~~	①4			~~4~~	①85
– 36		– 3	6	– 294		– 2	94
		3	8			1	91

● *Poser et effectuer les soustractions en utilisant la 2e méthode* (APPRENDRE) *:*

708 – 235 ;
4 236 – 946.

	7	①08		4	①2	①36
–	2+①	35	–	①	9+①	46
	4	73		3	2	90

● *M. Leroy achète un téléviseur* 1 200 €.
Il verse 250 € *à la commande.*
Combien lui reste-t-il à payer ?

1 200 – 250 = 950 (€) .

EN SAVOIR PLUS

Pour faire la **preuve** d'une soustraction, il faut effectuer une **addition**.

Ainsi, 5 – 2 = 3
a pour preuve : 3 + 2 = 5.

De même : 48 – 35 = 13
a pour preuve :

13 + 35 = 48 .

13 : résultat
35 : nombre que l'on soustrait
48 : le plus grand nombre

VOIR AUSSI :
La soustraction propriétés, 17
La soustraction des nombres entiers et des décimaux, 20

19
Calcul
Opérations

AJOUTER RETRANCHER

COMPRENDRE

● Comment trouver les trois résultats ?

On **ajoute** 30 puis on **retranche** 18 à :
58 ; 67 ; 84.

On aurait pu également ajouter (30 – 18) soit 12 à :
58 ; 67 ; 84.

● Comment résoudre ce problème de façon pratique ?

On résout ce problème à l'aide d'un tableau et en utilisant des **opérateurs**.

somme reçue par chaque enfant → (+ 30)
somme dépensée par chaque enfant → (– 18)

	(somme de départ)	(+ 30) après avoir reçu 30 €	(– 18) après avoir dépensé 18 €
Claire	58	88	70
Félix	67	97	79
Romain	84	114	96

(+ 30) et (– 18) sont des **opérateurs**.

(+ 30) signifie « ajouter 30 »

(– 18) signifie « retrancher 18 ».

OUVRIR L'ŒIL

Un **opérateur** est constitué :
- d'un *nombre*, par exemple 3 ,
- d'un *signe*, par exemple – ,
- d'une *flèche*, par exemple (– 3) .

APPRENDRE

● Comment trouver l'opérateur équivalent à une chaîne d'opérateurs ?

Si les opérateurs ont le *même* signe :
– on **additionne** les nombres ;
– on conserve le signe utilisé.

Claire possède 58 €, *Félix* 67 € *et Romain* 84 €.
Chaque enfant reçoit 30 €, *puis dépense* 18 €.
***Claire possède maintenant* 70 €, *Félix* 79 € *et Romain* 96 €.**

Par exemple :

(+ 31) (+ 9) = (+ 40)

(– 20) (– 10) = (– 30)

Si les opérateurs ont des signes *différents* :
– on effectue la **soustraction** des 2 nombres ;
– on conserve le signe du nombre le plus grand.

Par exemple :

(– 10) (+ 30) = (+ 20)

(+ 12) (– 18) = (– 6)

UTILISER SES CONNAISSANCES

● *Compléter les tableaux et les opérateurs :*

(+ 14) (– 8)

10	…	…
76	…	…

(…)

→

(+ 14) (– 8)

10	24	16
76	90	82

(+ 6)

(+ 20) (…)

24	…	…
…	…	30

(– 10)

→

(+ 20) (– 30)

24	44	14
40	60	30

(– 10)

● *Trouver l'opérateur équivalent.*

(+ 20) (– 3) → (+ 20) (– 3) = (+ 17)

(– 34) (+ 17) → (– 34) (+ 17) = (– 17)

EN SAVOIR PLUS

Comment trouver l'opérateur *équivalent* à (– 6) (– 7) (+ 15) ?

Étape 1
On cherche l'opérateur équivalent aux opérateurs **de même signe** :
(– 6) (– 7) = (– 13)

Étape 2
On cherche l'opérateur équivalent aux **2 opérateurs restants** :
(– 13) (+ 15) = (+ 2)

VOIR AUSSI :
L'addition des nombres entiers avec retenue, 15
La soustraction des nombre entiers avec retenue, 18

LA SOUSTRACTION DES NOMBRES ENTIERS ET DES DÉCIMAUX

OUVRIR L'ŒIL

On rend le travail plus facile :

• en ajoutant au nombre entier une **virgule** et en écrivant autant de **zéros** que de chiffres figurant dans la partie décimale de l'autre nombre.

46 – 8,125
peut s'écrire :

```
   46,000
 –  8,125
```

• en écrivant autant de **zéros** que nécessaire pour que les parties décimales des deux nombres aient le *même nombre de chiffres.*

95,7 – 16,234
peut s'écrire :

```
   95,700
 – 16,234
```

COMPRENDRE

CM ● **Comment a-t-on trouvé 3,15 m ?**

Cette mesure a été obtenue en effectuant la soustraction 30,50 – 27,35 .

CM ● **Comment soustraire deux nombres décimaux ?**

▪ *Étape* 1

On pose la soustraction en plaçant :
– les **unités** sous les unités ;
– les **virgules** sous les virgules.

unités
virgules

```
   30,50
 – 27,35
```

▪ *Étape* 2

On effectue la soustraction **sans tenir compte des virgules**.

▪ *Étape* 3

On place la virgule du résultat, **sous** les autres virgules.

```
   30,50
 – 27,35
   -----
    3,15
```

virgule

APPRENDRE

CM ● **Comment soustraire un nombre entier d'un nombre décimal ?**

On veut effectuer 37,8 – 16 .

▪ *Étape* 1

On pose la soustraction en plaçant les **unités** sous les unités.

unités

```
   37,8
 – 16
```

▪ *Étapes 2 et* 3

On effectue la soustraction, puis on place la virgule du résultat **sous** l'autre virgule.

Lors d'une épreuve de lancer de balle, Marc a réussi 27,35 m *et Ludovic* 30,50 m.

Ludovic a lancé* 3,15 m *plus loin que Marc.

CM

● Comment soustraire un nombre décimal d'un nombre entier ?

On veut effectuer 350 – 67,54 .

▪ *Étape* 1

On pose la soustraction en plaçant les **unités** sous les unités.

On transforme le nombre entier en nombre décimal :

350 = 350,00 .

unités ↓

$$\begin{array}{r} 350,00 \\ -\ 67,54 \\ \hline 282,46 \end{array}$$

▪ *Étapes* 2 *et* 3

On effectue la soustraction, puis on place la virgule du résultat **sous** les autres virgules.

EN SAVOIR PLUS

La soustraction de 2 nombres décimaux ayant des parties décimales identiques a pour résultat un nombre entier.

Exemple :

$$\begin{array}{r} 140,273 \\ -\ 79,273 \\ \hline 61,000 \end{array}$$

61,000 = 61 .

UTILISER SES CONNAISSANCES

● *Poser et effectuer :*

537,5 – 48,67 =

13,914 – 6,78 =

$$\begin{array}{r} 537,50 \\ -\ 48,67 \\ \hline 488,83 \end{array} \qquad \begin{array}{r} 13,914 \\ -\ 6,780 \\ \hline 7,134 \end{array}$$

● *Poser et effectuer :*

709,5 – 136 =

58 – 4,137 =

$$\begin{array}{r} 709,5 \\ -\ 136,0 \\ \hline 573,5 \end{array} \qquad \begin{array}{r} 58,000 \\ -\ 4,137 \\ \hline 53,863 \end{array}$$

● *Édouard donne un billet de* 20 € *pour deux achats, l'un de* 12,35 €, *et l'autre de* 7,40 €.

Combien lui rend-on ?

Dépense totale : 12,35 + 7,40 = 19,75 (€).

Monnaie rendue : 20 – 19,75 = 0,25 (€).

VOIR AUSSI :
La soustraction des nombres entiers avec retenue, 18

21 Calcul
Opérations

LA MULTIPLICATION
PROPRIÉTÉS

OUVRIR L'ŒIL

Dans la multiplication suivante :

$$\begin{array}{r} 5 \\ \times\ 4 \\ \hline 20 \end{array}$$

5 ← multiplicande
4 ← multiplicateur
20 ← produit

- 5 est le **multiplicande** (nombre que l'on multiplie) ;
- 4 est le **multiplicateur** (le nombre de fois) ;
- 20 est le **produit** (le résultat).

COMPRENDRE

CE2 ● **Comment calculer le nombre total de livres placés sur l'étagère ?**

On calcule le nombre total de livres en effectuant une **addition** ou une **multiplication**.

addition → 5 + 5 + 5 + 5 = 20
multiplication → 5 × 4 = 20

5 : nombre de livres par rangée
4 : nombre de rangées
20 : nombre total de livres

× (multiplié par) est le *signe* de la multiplication.

5 × 4 se lit : cinq **multiplié par** quatre ou quatre **fois** cinq.

Une *addition* dans laquelle tous les termes sont *identiques* peut être remplacée par une *multiplication*.

APPRENDRE

CE2 ● **Comment effectuer une multiplication ?**

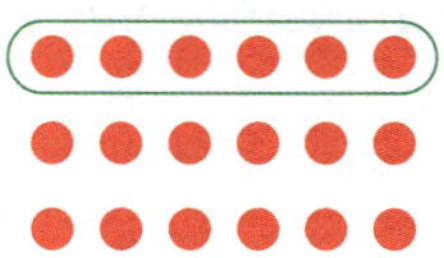

On veut connaître le nombre total de jetons.

On peut écrire :

6 × 3 = 18.

18 : produit

*Rémi a placé 4 piles de 5 livres sur une étagère. En tout, Rémi a placé **20 livres** sur cette étagère.*

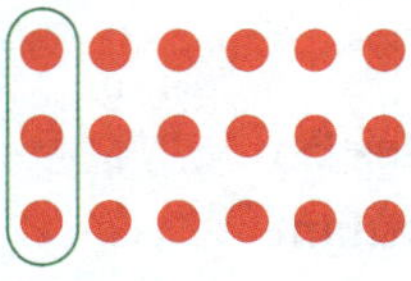

On peut écrire aussi :

$3 \times 6 = 18$

↑ produit

Dans une multiplication, on peut *changer l'ordre* des nombres sans changer le résultat.

$$\mathbf{6 \times 3 = 3 \times 6 = 18}\ .$$

UTILISER SES CONNAISSANCES

● *Compléter :*

$12 + 12 + 12 = \ldots \times \ldots$ ⟶ 12×3 ;

$8 + 8 + 8 + 8 + 8 + 8 = \ldots \times \ldots$ ⟶ 8×6 ;

$27 + 27 + 27 + 27 = \ldots \times \ldots$ ⟶ 27×4 .

● *Calculer le nombre de motifs de chaque collection en effectuant deux multiplications différentes.*

$5 \times 2 = 2 \times 5 = 10$.

$7 \times 3 = 3 \times 7 = 21$.

● *Compléter les produits :*

$7 \times 4 = 4 \times \ldots$ ⟶ 4×7 ;

$30 \times 3 = \ldots \times 30$ ⟶ 3×30 ;

$\ldots \times 2 = 2 \times \ldots = 16$ ⟶ $8 \times 2 = 2 \times 8$;

$5 \times \ldots = \ldots \times 5 = 45$ ⟶ $5 \times 9 = 9 \times 5$.

EN SAVOIR PLUS

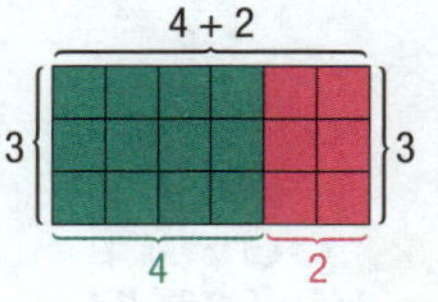

Il y a $4 \times 3 = 12$ carreaux vert et $2 \times 3 = 6$ carreaux roses.

Le *nombre* total de carreaux peut s'écrire :

– sous forme d'une **somme** de 2 produits :

$(4 \times 3) + (2 \times 3)$;

– sous forme d'un **produit** d'une somme par un nombre :

$(4 + 2) \times 3$.

Dans les deux cas, le résultat est 18 carreaux.

VOIR AUSSI :
La multiplication des entiers (1) : 1 chiffre au multiplicateur, 22

22
CALCUL
Opérations

LA MULTIPLICATION DES ENTIERS (1)
1 CHIFFRE AU MULTIPLICATEUR

COMPRENDRE

CE2 ● **Comment calculer le prix des 2 portes ?**

On trouve le prix des 2 portes en effectuant la **multiplication** 324×2 .

● **Comment effectuer cette multiplication ?**

■ *Étape* 1

On pose la multiplication

324	← **multiplicande**
× 2	← **multiplicateur**

■ *Étape* 2

On multiplie les **unités** :
2 fois 4 = 8 .
On pose **8**.

c	d	u
3	2	**4**
×		2
		8

■ *Étape* 3

On multiplie les **dizaines** :
2 fois 2 = 4 .
On pose **4**.

c	d	u
3	**2**	4
×		2
	4	8

■ *Étape* 4

On multiplie les **centaines** :
2 fois 3 = 6 .
On écrit **6** au résultat.

c	d	u
3	2	4
×		2
6	4	8

APPRENDRE

CE2 ● **Comment effectuer une multiplication à retenue ?**

On veut calculer 74×5 .

■ *Étape* 1

On multiplie les **unités** :
5 fois 4 = 20 ;
2 dizaines ↑ ↑ 0 unité
– on pose **0** (unité) ;
– on retient **2** (dizaines).

retenue ↓

②	
7	4
×	5
	0

OUVRIR L'ŒIL

Lorsque **l'un** des deux nombres de la multiplication est **0**, le résultat est **0**.

$4 \times 0 = 0$
(0 fois 4 = 0).

$0 \times 5 = 0$
(5 fois 0 = 0).

Mr Dupré a acheté **2** *portes à* **324 €** *l'une pour sa maison.*

Il a dépensé 648 € pour cet achat.

■ *Étape* 2

– On multiplie les **dizaines** :
5 fois 7 = 35 ;

– on ajoute la **retenue** :
35 + ② (retenue) = 37 .

On écrit **37** au résultat.

```
  ②
  74
×  5
 370
```

UTILISER SES CONNAISSANCES

● *Effectuer les multiplications suivantes. Écrire les retenues.*

```
 323        ○        ○○
×  3        46       125
           ×  7     ×   9
```

```
            ④        ②④
 323        46       125
×  3       ×  7     ×   9
 969       322      1125
```

● *Poser et effectuer :*

```
                ①③                         ①④
                748                         3 1 5 0
748 × 4 = →   ×   4       3 150 × 8 = →   ×       8
               2992                       2 5 2 0 0
```

● *Effectuer en ligne :*

231 × 3 = → 231 × 3 = 693 ;

196 × 6 = → 196 × 6 = 1 176 .

● *Une course se déroule sur une piste de* 250 m. *Il faut effectuer* 8 *tours. Quelle est la longueur de la course ?*

250 × 8 = 2 000 (m).

EN SAVOIR PLUS

On peut effectuer une multiplication en commençant par le **chiffre de gauche** du multiplicande.

125 × 4

125 = 100 + 20 + 5.

• On multiplie les *centaines* :
100 × 4 = 400
puis les *dizaines* :
20 × 4 = 80
en enfin les *unités* :
5 × 4 = 20 .

• Ensuite, on **additionne** les 3 résultats obtenus :
400 + 80 + 20 = 500.

Cette méthode est recommandée pour calculer **mentalement**.

VOIR AUSSI :
La multiplication des entiers (2) : 2 chiffres au multiplicateur, 24

23

Calcul
Opérations

LA MULTIPLICATION PAR 10, 100, 1 000

COMPRENDRE

CM ● **Comment calculer le prix de 10, 100 ou 1 000 timbres ?**

On obtient le prix de 10, 100 ou 1 000 timbres en **multipliant** le prix d'un timbre par 10, 100 ou 1 000.

CM ● **Comment multiplier un nombre entier par 10, 100 ou 1 000 ?**

■ *Que se passe-t-il quand on multiplie par* 10 ?

$$4 \times 10 = 40$$

↑ unités ↑ dizaines

On écrit **1 zéro** à la droite du nombre.

■ *Que se passe-t-il quand on multiplie par* 100 ?

$$4 \times 100 = 400$$

↑ unités ↑ centaines

On écrit **2 zéros** à la droite du nombre.

■ *Que se passe-t-il quand on multiplie par* 1 000 ?

$$4 \times 1000 = 4000$$

↑ unités ↑ unités de mille

On écrit **3 zéros** à la droite du nombre.

CM ● **Comment multiplier un nombre décimal par 10, 100 ou 1 000 ?**

6,351 × 10 = 63,51. Lorsqu'on multiplie par **10**, on décale la virgule de **1 rang** *vers la droite.*

OUVRIR L'ŒIL

Lorsque l'on multiplie un nombre décimal par **10**, **100** ou **1 000**, la virgule peut venir se placer à la droite d'un nombre entier.

Exemples :

6,5 × 10 = 65,0

3,14 × 100 = 314,0

0,125 × 1 000 = 125,0 .

Dans ce cas, **on n'écrit pas** la virgule, car la partie décimale est nulle.

65,0 = 65

314,0 = 314

125,0 = 125 .

1 *timbre de collection coûte* **4 €** — **10** *timbres coûtent* **40 €** .
— **100** *timbres coûtent* **400 €** .
— **1 000** *timbres coûtent* **4 000 €** .

$6{,}351 \times 100 = 635{,}1$. Lorsqu'on multiplie par **100**, on décale la virgule de **2 rangs** *vers la droite*.

$6{,}351 \times 1\,000 = 6\,351{,}0 = 6\,351$. Lorsqu'on multiplie par **1 000**, on décale la virgule de **3 rangs** *vers la droite*.

Remarque :
Il est parfois nécessaire d'écrire un ou plusieurs zéros à droite du nombre :

$13{,}8 \times 1\underline{00} = 1\,3\underline{80}$; $9{,}2 \times 1\,\underline{000} = 9\,\underline{200}$.

2 rangs vers la droite — **3 rangs vers la droite**

EN SAVOIR PLUS

Pour multiplier un nombre par **20…**, **300…**, **4 000…**, on multiplie ce nombre par **2…**, **3…** ou **4…** puis on multiplie le résultat par **10**, **100** ou **1 000**.

$26 \times 20 = 26 \times (2 \times 10)$
$= (26 \times 2) \times 10$
$= 52 \times 10$
$= 520$.

UTILISER SES CONNAISSANCES

● *Effectuer :*

a) $431 \times 10 =$ $28 \times 100 =$ $7 \times 1\,000 =$
b) $14{,}32 \times 10 =$ $5{,}127 \times 100 =$ $0{,}139 \times 1\,000 =$

a) $431 \times 10 = 4\,310$; $28 \times 100 = 2\,800$; $7 \times 1\,000 = 7\,000$.
b) $14{,}32 \times 10 = 143{,}2$; $5{,}127 \times 100 = 512{,}7$; $0{,}139 \times 1\,000 = 139$.

● *Dans chaque cas, coche le multiplicateur exact :*

$3{,}8 \times . = 380$ ❑ 10 ❑ 100 ❑ 1 000 ⟶ ☒ 100 ;
$0{,}05 \times . = 0{,}5$ ❑ 10 ❑ 100 ❑ 1 000 ⟶ ☒ 10 ;
$89{,}2 \times . = 89\,200$ ❑ 10 ❑ 100 ❑ 1 000 ⟶ ☒ 1 000 .

● *Un libraire a vendu* 10 *revues à* 3,80 € *l'une et* 100 *journaux à* 1,06 € *l'un.*
Quel est le montant total de ces deux ventes ?

Revues : $3{,}80 \times 10 = 38$ (€) ;
journaux : $1{,}06 \times 100 = 106$ (€) ;
total : $38 + 106 = 144$ (€).

VOIR AUSSI :
La division par 10, 100, 1 000, 30

24 Calcul Opérations

LA MULTIPLICATION DES ENTIERS (2)
2 CHIFFRES AU MULTIPLICATEUR

COMPRENDRE

CE2 ● **Comment trouver la dépense ?**

On trouve la dépense en effectuant la **multiplication** :

32×24 ← nombre de touristes
↑ prix d'une place

CE2 ● **Comment effectuer une multiplication à 2 chiffres au multiplicateur ?**

■ *Étape* 1

On pose la multiplication.

```
  32  ← multiplicande
× 24  ← multiplicateur
```

■ *Étape* 2

On multiplie 32 par le chiffres des **unités** : **4** .

$32 \times 4 = 128$.

```
   32
×  24
  128
```

■ *Étape* 3

On multiplie 32 par le chiffres des **dizaines** : **2** (2 dizaines = 20 unités).

$32 \times 20 = 640$.

```
   32
×  24
  128
  640
```

■ *Étape* 4

On **additionne** les 2 résultats : 128 et 640.

$128 + 640 = 768$.

```
   32
×  24
  128
  640
  768
```

OUVRIR L'ŒIL

Lorsque le multiplicateur comporte *plus de chiffres* que le multiplicande, il est plus commode d'**inverser** les deux nombres avant d'effectuer l'opération. Cela ne modifie pas le résultat.

```
     32          674
×   674     ×     32
    128         1348
   224.        2022.
  192..        21568
  21568
```

Un groupe de **24** *touristes veut faire une excursion d'une journée en car.*
On demande **32 €** *par personne.*
La dépense pour le groupe sera de 768 €.

APPRENDRE

CE2 CM ● **Comment procéder dans la pratique courante ?**

On procède ainsi :

■ *Étape* 1

On multiplie 32 par **4** et on écrit le résultat : $32 \times 4 = 128$.

■ *Étape* 2

On met un **point** sous le 8 (unités). Ce point remplace le **0** de la multiplication par 20.

■ *Étape* 3

On multiplie 32 par **2** (dizaines) et on écrit le résultat **à gauche du point** : $32 \times 2 = 64$.

■ *Étape* 4

On additionne : $128 + 64. = 768$.

```
   32
 × 24
 ----
  128
  64.
 ----
  768
```

EN SAVOIR PLUS

Pour multiplier par un nombre à *3 chiffres*, on place :

- **1** point à droite du 2e résultat (sous les unités),
- **2** points à droite du 3e résultat (sous les unités et les dizaines).

```
   324
 × 143
 -----
   972
  1296 .   1 point
  324 . .  2 points
 -----
 46332
```

Remplace le **zéro** de la multiplication par **40**.

Remplace les **2 zéros** de la multiplication par **100**.

VOIR AUSSI :
La multiplication des entiers (1) 1 chiffre au multiplicateur, 22

UTILISER SES CONNAISSANCES

CE2 ● *Compléter les multiplications suivantes :*

```
   53            53          237          237
 × 45    →     × 45        ×  35    →    × 35
 ----          ----        -----         ----
  . . .         265        . . . .       1185
 . . . 0       2120        . . . 0       7110
 -------       ----        -------       ----
 . . . .       2385        . . . .       8295
```

CM ● *Poser et effectuer en mettant le point à la place du zéro.*

$196 \times 28 =$ →

```
   196
  × 28
  ----
  1568
  392.
  ----
  5488
```

$4\,617 \times 79 =$ →

```
    4617
  ×   79
  ------
   41553
  32319.
  ------
  364743
```

25
Calcul
Opérations

LA MULTIPLICATION AVEC DES ZÉROS

COMPRENDRE

CM ● **Comment effectuer une multiplication comportant des nombres terminés par des zéros ?**

Pour trouver le prix des 30 paires de skis on effectue la **multiplication** 250×30.

Le multiplicateur et le multiplicande étant terminés par un zéro, on peut écrire, en ligne :

$$250 \times 30 = \underbrace{(25 \times 10)}_{(250)} \times \underbrace{(3 \times 10)}_{(30)}$$
$$= 25 \times 3 \quad \times 10 \times 10$$
$$= 75 \quad \times \quad 100$$
$$= 7\,500$$

Cela revient à effectuer, en colonnes :

$$\begin{array}{r} 250 \\ \times \ 30 \\ \hline 7500 \end{array}$$

■ On effectue le produit
$25 \times 3 = 75$
sans tenir compte des zéros.

■ On écrit les **2 zéros**
(l'un du multiplicande et l'autre du multiplicateur) à *droite* du résultat.

En règle générale, on écrit *autant* de zéros à la droite du produit qu'il y en a, *au total*, à la droite du *multiplicateur* et du *multiplicande*.

OUVRIR L'ŒIL

Il n'est pas toujours nécessaire de poser la multiplication.

Par exemple :

$70 \times 40 = (7 \times 10) \times (4 \times 10)$
$= 7 \times 4 \times 10 \times 10$
$= 28 \times 100$
$= 2\,800.$

On effectue $7 \times 4 = 28$ et on écrit **2 zéros** à droite du résultat (multiplication par 100).

CM ● **Comment multiplier par un nombre comportant un zéro intercalé ?**

On veut calculer 216×302.

Pour équiper une classe de neige, il a fallu acheter 30 *paires de skis à* 250 €.
La dépense totale est de 7 500 €.

■ *Étape* 1

On multiplie 216 par 2
et on écrit le résultat :

216 × 2 = 432 .

■ *Étape* 2

On met **un point** sous le 2 puis **un autre point** sous le 3.
Ces deux points remplacent les 0 de la multiplication par 300.

■ *Étape* 3

On multiplie 216 par 3 et on écrit le résultat **à gauche des deux points** :

216 × 3 = 648 .

■ *Étape* 4

On additionne :

432 + 64800 = 65 232 .

```
    216
  × 302
  -----
    432
  648..
  -----
  65232
```

EN SAVOIR PLUS

Il faut être *vigilant* lorsqu'une multiplication comporte un ou deux nombres avec un (ou plusieurs) *zéros à droite*, ainsi qu'un nombre avec un (ou plusieurs) *zéros intercalés*.
Il faut soigneusement **compter** le nombre de zéros à écrire à droite et faire attention à l'**alignement vertical** des chiffres.

Exemple :

```
     71000
   × 3040
   ------
      284
    213..
  ---------
  215840000
```

En respectant les espaces, le résultat s'écrit :

215 840 000 .

UTILISER SES CONNAISSANCES

● *Effectuer en ligne :*

90 × 70 = ⟶ 90 × 70 = 9 × 7 × 100 = 6 300 ;

400 × 20 = ⟶ 400 × 20 = 4 × 2 × 1 000 = 8 000 .

● *Poser et effectuer :*

240 × 40 ; 3 800 × 460 ; 125 × 207 .

```
   240        3800        125
 ×  40      ×  460      × 207
 -----      -------     -----
  9600        228         875
             152.       250..
            -------     -----
            1748000     25875
```

VOIR AUSSI :
La multiplication des entiers (1) et (2), 22-24
La multiplication par 10, 100, 1 000, 23

26

Calcul
Opérations

LA MULTIPLICATION D'UN NOMBRE DÉCIMAL PAR UN NOMBRE ENTIER

COMPRENDRE

CM ● **Quelle opération faut-il effectuer pour trouver la dépense ?**

Il faut effectuer la multiplication $1{,}53 \times 25$.

CM ● **Comment multiplier un nombre décimal par un nombre entier ?**

■ *Étape* 1

On pose la multiplication.

```
  1,53
×   25
------
```

■ *Étape* 2

On l'effectue **sans tenir compte de la virgule.**

$$153 \times 25 = 3\,825 .$$

■ *Étape* 3

On place la **virgule** du résultat de façon qu'il y ait **autant** de chiffres dans la partie décimale (à droite de la virgule), que dans 1,**53**.

Il y a aura donc 2 chiffres à droite de la virgule.

```
  1,53
×   25
------
   765
  306.
------
 38,25
```

2 chiffres dans la partie décimale

CM ● **Comment multiplier un nombre entier par un nombre décimal ?**

On veut calculer $368 \times 6{,}4$.

OUVRIR L'ŒIL

● Il ne faut pas négliger les *zéros* à la droite du produit lorsque l'on place la virgule.

Exemple :

```
   47,25
×     14
--------
   18900
   4725.
--------
  661,50
```

partie décimale à deux chiffres

● En revanche, on peut **supprimer** les *zéros inutiles* de la partie décimale avant de commencer la multiplication.

Exemple :

```
   21,9Ø  ← zéro inutile
×     17
--------
    1533
    219.
--------
   372,3
```

partie décimale à un chiffre

Pour un goûter, le maître achète 25 litres de jus d'orange, 1,53 € le litre.

Pour cet achat, il a dépensé 38,25 €.

On procède exactement de la même façon :

```
     368
  ×  6,4
  ------
    1472      1 chiffre
   2208.      dans la partie
  ------      décimale
   2355,2
```

UTILISER SES CONNAISSANCES

- *Placer la virgule dans le nombre souligné :*

456 × <u>92</u> = 4 195,2 ⟶ 9,2 ;

<u>2 468</u> × 37 = 91,316 ⟶ 2,468.

- *Poser et effectuer :*

9,36 × 8 = ⟶

```
   9,36
  ×   8
  -----
  74,88
```

467 × 5,3 = ⟶

```
     467
  ×  5,3
  ------
    1401
   2335.
  ------
  2475,1
```

- *À l'aide de la multiplication* 863 × 237 = 204 531 *compléter les multiplication suivantes :*

86,3 × 237 = … ⟶ 86,3 × 237 = 20 453,1 ;

863 × … = 2 045,31 ⟶ 863 × 2,37 = 2 045,31.

- *Un commerçant a vendu 35 chemises 12,50 € l'une et 8 pantalons 37,95 € l'un.*
Quel est le montant total de ces deux ventes ?

Vente des chemises : 12,50 × 35 = 437,50 (€) ;
vente des pantalons : 37,95 × 8 = 303,60 (€) ;
total des ventes : 437,50 + 303,60 = 741,10 (€).

EN SAVOIR PLUS

Dans la multiplication

```
    37,8
  ×   45
  ------
    1890
   1512.
  ------
  1701,0
```

le résultat peut être écrit sous la forme du *nombre entier* 1 701.

1 701,0 = 1 701.

virgule et zéro inutiles

VOIR AUSSI :
La multiplication des entiers (1) et (2), 22-24
Multiplication de deux nombres décimaux, 74

27
Calcul
Opérations

LA DIVISION (1)
SENS

COMPRENDRE

CE2 ● **Comment trouver le nombre de livres que Carole peut acheter avec 20 € ?**

Étant donné qu'un livre coûte 5 €, il faut trouver *combien de fois* 5 il y a en 20. Dans la table de multiplication par 5 on trouve :

$$5 \times \mathbf{4} = 20\,.$$

En 20, il y a 4 *fois* 5 .
Carole pourra donc acheter 4 livres.

On peut aussi écrire :

$$20 : 5 = 4$$

- 20 : somme que possède Carole
- 5 : prix d'un livre
- 4 : nombre de livres

À la **multiplication** 5 × 4 = 20 correspond la **division** 20 : 5 = 4 (qui se lit 20 divisé par 5).

: (divisé par) est le *signe* de la division.

OUVRIR L'ŒIL

Pour effectuer rapidement une division, il faut bien connaître les **tables de multiplication**.

APPRENDRE

CE2 ● **Quand faire une division ?**

On fait une division pour trouver, dans une situation de *partage* :

■ *la valeur d'une part*

Exemple : 3 enfants veulent se partager également 30 billes. Pour savoir combien de billes recevra chaque enfant (la valeur d'une part) on effectue la division :

$$30 : 3 = 10$$

- 30 : nombre de billes à partager
- 3 : nombre d'enfants
- 10 : nombre de billes par enfant (valeur d'une part)

Carole dispose de 20 €. Elle se rend chez le libraire pour acheter des livres qui coûtent 5 € pièce.
Elle souhaite utiliser la totalité des 20 €.
Carole pourra acheter 4 livres.

■ *le nombre de parts*

Exemple : Avec 28 €, Olivier veut acheter le plus grand nombre possible de timbres de collection à 4 €.
Il pourra acheter :

$$28 : 4 = 7$$

somme que possède Olivier → 28 ; prix d'un timbre → 4 ; nombre de timbres (nombre de parts) → 7

UTILISER SES CONNAISSANCES

● *On distribue 32 cartes entre 4 joueurs.*
Combien chaque joueur recevra-t-il de cartes ?

On sait que $8 \times 4 = 32$. On peut donc écrire $32 : 4 = 8$.
Chaque joueur recevra 8 cartes.

● *Compléter les multiplications et les divisions correspondantes :*

$9 \times \ldots = 18$; $18 : 9 = \ldots$ ⟶ $9 \times 2 = 18$; $18 : 9 = 2$;
$4 \times \ldots = 24$; $\ldots : 4 = \ldots$ ⟶ $4 \times 6 = 24$; $24 : 4 = 6$;
$\ldots \times 7 = 35$; $\ldots : \ldots = 5$ ⟶ $5 \times 7 = 35$; $35 : 7 = 5$.

● *Dans quelle(s) situation(s) faut-il effectuer une division pour trouver le résultat ?*
a) Clotilde avait 30 bonbons. Elle en a distribué 12. Combien lui en reste-t-il ?
b) Clotilde partage ses 30 bonbons entre 6 camarades. Combien chacun en aura-t-il ?
c) Clotilde avait 20 bonbons. Elle en achète 10. Combien en possède-t-elle maintenant ?

Il faut faire une division dans la situation b) $30 : 6 = 5$, il y aura 5 bonbons par enfant.

Dans la situation a), il faut faire une soustraction : $30 - 12 = 18$. Il reste 18 bonbons à Clotilde. Dans la situation c), il faut faire une addition : $20 + 10 = 30$. Clotilde possède 30 bonbons.

EN SAVOIR PLUS

À **une multiplication** correspondent toujours **deux divisions.**

Ainsi, à la multiplication $7 \times 6 = 42$ correspondent les divisions $42 : 7 = 6$ et $42 : 6 = 7$.

Il est donc important de savoir *à quelle question on répond* en posant la division.

VOIR AUSSI :
La division (2), première approche, 28

28
CALCUL
Opérations

LA DIVISION (2)
PREMIÈRE APPROCHE

OUVRIR L'ŒIL

On dit qu'une division a un **quotient exact** lorsque le reste de cette division est **0**.
Si le reste est *différent* de 0, on dit que la division « ne tombe pas juste ».
Dans ce cas, le quotient n'est pas exact,
on dit que c'est un **quotient approché**.

COMPRENDRE

CE2 ● **Comment trouver le nombre de bouquets ?**

On pose la question : en 33, combien de fois 5 ?

Dans la table de multiplication par 5 on trouve :

$$5 \times 6 = 30 \quad \text{et} \quad 5 \times 7 = 35 .$$

On s'aperçoit que 33 est compris entre 30 et 35.

7 est trop grand ($35 > 33$) mais 6 convient.

Avec 33 fleurs, le fleuriste pourra faire **6** bouquets de 5 fleurs.
Il utilisera : $5 \times 6 = 30$ (fleurs).
Il lui restera : $33 - 30 = 3$ (fleurs).

CE2 ● **Comment écrire ce calcul en ligne ?**

On peut l'écrire :

$$(5 \times 6) + 3 = 33 .$$

Cette écriture correspond à la division :

33 : 5 = 6 reste 3 ← reste

- 33 : nombre total de fleurs
- 5 : nombre de fleurs par bouquet
- 6 : nombre de bouquets

APPRENDRE

CE2 ● **Comment effectuer la division 33 : 5 en colonnes ?**

▪ On pose la division :

33 : 5 ⟶ 33 | 5 (33 : dividende ; 5 : diviseur)

33 est le **dividende** (le nombre que l'on divise) ;
5 est le **diviseur** (le nombre qui divise l'autre).

Avec **33** *fleurs, un fleuriste veut confectionner des bouquets de* **5** *fleurs.*
Il pourra faire 6 bouquets de 5 fleurs et il lui restera 3 fleurs.

■ On cherche, dans la table de multiplication par 5, *le plus grand multiple de* 5 que l'on puisse soustraire de 33.

On trouve $5 \times \mathbf{6} = 30$.

6 est le **quotient**.

	3 3	5
(6 × 5) →	3 0	6

■ On écrit le résultat du produit 5×6, c'est-à-dire 30, sous le dividende.

■ On effectue la soustraction $33 - 30 = 3$.

dividende → 3 3	5	← diviseur
− 3 0	6	← quotient
reste → 3		

3 est le **reste** de la division.

Le reste est **plus petit** que le diviseur : $3 < 5$.

UTILISER SES CONNAISSANCES

● *Écrire, en ligne, la division correspondant à la situation suivante.*
Donner ensuite le résultat et indiquer le reste.
Julien remplit des boîtes de 6 œufs avec 55 œufs.
Combien remplira-t-il de boîtes ?

La division s'écrit : 55 : 6.
En 55 combien de fois 6 ? → 9 fois.
Julien remplira 9 boîtes.
$6 \times 9 = 54$; $55 - 54 = 1$. Il restera 1 œuf.

● *Poser et effectuer les divisions suivantes :*

29 : 3 ; 67 : 8 ; 70 : 9.

29	3	67	8	70	9
− 27	9	− 64	8	− 63	7
2		3		7	

EN SAVOIR PLUS

Le **reste** d'une division doit toujours *être inférieur* au **diviseur**.

7 4	8	← diviseur
− 7 2	9	
reste → 2		

$2 < 8$.

Si le reste est *égal* ou *supérieur* au diviseur, ou bien la division n'est pas terminée, ou bien il y a une erreur.

VOIR AUSSI :
La division (1), sens, 27
La division des entiers, technique opératoire (1) et (2), 31-32

29

Calcul
Opérations

MULTIPLIER DIVISER

OUVRIR L'ŒIL

Un opérateur « multiplié par » ou « divisé par » doit toujours être accompagné d'une **flèche**.

Exemple :

(×7)→

(:3)→

←(×5)

←(:10)

COMPRENDRE

● **Comment trouver le prix de 2, 5, 9, 10 journaux ?**

On multiplie à chaque fois le nombre de journaux par 2 .

● **Comment présenter ce travail de façon pratique ?**

On utilise un tableau et des opérateurs.

(×2)→ (multiplié par 2) est un **opérateur**

(:2)→ (divisé par 2) est l'**opérateur inverse** de (×2)→ .

(×2)→

Nombre de journaux	Prix des journaux
2 5 9 10	4 10 18 20

←(:2)

APPRENDRE

● **Comment trouver l'opérateur équivalent à une chaîne d'opérateurs (×)→ ou (:)→ ?**

On effectue la multiplication des nombres entre eux et on conserve le signe (× ou :) de la chaîne d'opérateurs.

Vérifions-le sur quelques exemples :

(×4)→ (×3)→ = (×12)→ (4 × 3 = 12) ;

(×2)→ (×5)→ (×4)→ = (×40)→ (2 × 5 × 4 = 40) ;

1 *journal coûte* 2 €.

2 *journaux coûtent* **4 €**.

5 *journaux coûtent* **10 €**.

9 *journaux coûtent* **18 €**.

10 *journaux coûtent* **20 €**.

(: 2) → (: 3) → = (: 6) → (2 × 3 = 6) ;

(: 2) → (: 4) → (: 2) → = (: 16) → (2 × 4 × 2 = 16).

UTILISER SES CONNAISSANCES

● *Compléter le tableau et écrire l'opérateur :*

(× 6) ↓ ; ( ) ↑

4	7	11	9

→ (× 6) ↓ ; (: 6) ↑

4	7	11	9
24	42	66	54

● *Compléter les opérateurs :*

(× 4) → (× 8) → = (× …) → ⟶ (× 32) →

(× 3) → (× 4) → (× 2) → = (× …) → ⟶ (× 24) →

(: 2) → (: 7) → = (: …) → ⟶ (: 14) →

(: 3) → (: 3) → (: 3) → = (: …) → ⟶ (: 27) →

● *Compléter le tableau et les opérateurs :*

En haut : (× 4), (× 2), ( ) ; en bas : ( ), ( ), ( )

6		
	32	
		80

→ En haut : (× 4), (× 2), (× 8) ; en bas : (: 4), (: 2), (: 8)

6	24	48
8	32	64
10	40	80

EN SAVOIR PLUS

Pour trouver l'*opérateur équivalent* à

(× 10) →

(: 2) →

• on **divise** les 2 nombres :

10 : 2 = 5 ;

• on **conserve** le signe de l'opérateur le plus grand :

(×) →

donc :

(× 10) → (: 2) →

= (× 5) →

VOIR AUSSI :
La multiplication des entiers (1) et (2), 22-24
La division des entiers, technique opératoire (1) et (2), 31-32

30

Calcul

Opérations

LA DIVISION PAR 10, 100, 1 000

OUVRIR L'ŒIL

- Pour diviser par 10, 100 ou 1 000 *un nombre entier terminé par un ou plusieurs zéros*, on **supprime 1, 2 ou 3 zéros** à la droite du nombre.

Ainsi :

40 : 10 = 4 ;

3 500 : 100 = 35 ;

70 000 : 1 000 = 70 .

- Lorsque le nombre entier divisé par 10, 100 ou 1 000 est *inférieur* au diviseur, il est nécessaire d'**écrire 1 ou plusieurs zéros** à gauche de nombre.

Ainsi :

4 : 10 = 0,4 ;

18 : 100 = 0,18 ;

37 : 1 000 = 0,037 ;

6 : 1 000 = 0,006 .

COMPRENDRE

CM **● Comment calculer la contenance d'une bouteille ? la masse d'un paquet ? le prix d'un grand cahier ?**

On obtient la contenance d'1 bouteille en divisant 15 L par 10, le poids d'1 paquet en divisant 375 kg par 100, le prix d'1 grand cahier en divisant 5 260 € par 1 000.

CM **● Comment diviser un nombre entier par 10, 100 ou 1 000 ?**

4 371 : 10 = 437,1 (partie décimale à **1** chiffre) → Le chiffre des *dizaines* devient celui des *unités*.

4 371 : 100 = 43,71 (partie décimale à **2** chiffres) → Le chiffre des *centaines* devient celui des *unités*.

4 371 : 1 000 = 4,371 (partie décimale à **3** chiffres) → Le chiffre des *unités de mille* devient celui des *unités*.

Pour diviser un nombre entier par **10**, **100** ou **1 000** on place une virgule afin que la partie décimale du nombre comporte **1** chiffre (: 10), **2** chiffres (: 100) ou **3** chiffres (: 1 000).

APPRENDRE

CM **● Comment diviser un nombre décimal par 10, 100 ou 1 000 ?**

1 946,2 : 10 = 194,62 (1 rang vers la gauche)

1 946,2 : 100 = 19,462 (2 rangs vers la gauche)

1 946,2 : 1 000 = 1,946 2 (3 rangs vers la gauche).

Pour diviser un nombre décimal par **10**, **100** ou **1 000**, on décale la virgule de **1**, **2** ou **3** rangs vers la gauche.

10 *bouteilles contiennent* **15 L** *d'eau* → **1** *bouteille contient* **1,5 L** *d'eau.*

100 *paquets pèsent* **375 kg** → **1** *paquet pèse* **3,75 kg** .

1 000 *grands cahiers coûtent* **5 260 €** → **1** *grand cahier coûte* **5,26 €** .

Remarque :

Il est parfois nécessaire d'écrire **un ou plusieurs zéros** à gauche du nombre décimal pour écrire le résultat d'une division par 10, 100 ou 1 000. Ainsi :

8,42 : 10 = 0,842 ; 6,8 : 100 = 0,068

7,5 : 1 000 = 0,007 5.

UTILISER SES CONNAISSANCES

- *Effectuer :*

37 : 10 = → 37 : 10 = 3,7 ;

284 : 100 = → 284 : 100 = 2,84 ;

4 807 : 1 000 = → 4 807 : 1 000 = 4,807 ;

91 : 100 = → 91 : 100 = 0,91 ;

5 000 : 1 000 = → 5 000 : 1 000 = 5 ;

19,43 : 10 = → 19,43 : 10 = 1,943 ;

263,5 : 100 = → 263,5 : 100 = 2,635 ;

5 027,1 : 1 000 = → 5 027,1 : 1 000 = 5,0271 ;

13,4 : 100 = → 13,4 : 100 = 0,134 ;

48,9 : 1 000 = → 48,9 : 1 000 = 0,0489 .

- *Compléter :*

… : 100 = 12 → 1 200 : 100 = 12 ;

250 : … = 0,25 → 250 : 1 000 = 0,25 ;

5,9 : … = 0,59 → 5,9 : 10 = 0,59 ;

… : 1 000 = 0,4 → 400 : 1 000 = 0,4 .

- *Une automobile consomme* 7,5 L *d'essence aux* 100 km.
Combien consomme-t-elle pour parcourir 1 km *?*

L'automobile consomme 7,5 : 100 = 0,075 (L) pour parcourir 1 km.

EN SAVOIR PLUS

- Pour diviser par **20**, on divise par **10** puis par **2** (ou l'inverse).
Ainsi, 480 : 20 peut se décomposer en :
480 : 10 = 48
puis : 48 : 2 = 24 .

- Pour diviser par **300**, on divise par **100** puis par **3** (ou l'inverse).
Ainsi, 3 900 : 300 peut se décomposer en :
3 900 : 100 = 39
puis : 39 : 3 = 13 .

- Pour diviser par **4 000**, on divise par **1 000** puis par **4** (ou l'inverse).
Ainsi, 88 000 : 4 000 peut se décomposer en :
88 000 : 1 000 = 88
puis : 88 : 4 = 22 .

VOIR AUSSI :
La multiplication par 10, 100, 1 000, 23
Les nombres entiers, 1-2-3
Les nombres décimaux, 12-13

31

CALCUL
Opérations

LA DIVISION DES ENTIERS, TECHNIQUE OPÉRATOIRE (I)

1 CHIFFRE AU DIVISEUR

COMPRENDRE

CE2 ● **Comment trouver le prix d'un logiciel ?**

On effectue la division 815 : 5 .

CE2 ● **Comment connaître le nombre de chiffres du quotient ?**

On réalise un **encadrement** de 815 à l'aide de produits du *diviseur* (5) par des *puissances de* 10.

L'encadrement qui convient est :

$$5 \times 100 < 815 < 5 \times 1\,000$$

100 → 3 chiffres ; 1 000 → 4 chiffres

Le quotient est compris entre 100 et 1 000.

Il aura donc **3** chiffres.

```
815 | 5
    |____
    | . . .
      c d u
```

on met 3 points

CE2 ● **Comment effectuer la division 815 : 5 ?**

■ On cherche le nombre de centaines du quotient en divisant les **centaines** du dividende par 5.

En 8 combien de fois 5 ? **1** fois.
1 fois 5 → 5. On écrit 5 sous le 8.
5 ôté de 8 reste 3 (3 centaines).

```
 c d u
 8 1 5 | 5
- 5    |____
 ---   | 1 . .
 3
```

■ On abaisse le chiffre des dizaines, 1, et on divise le nombre de **dizaines** restantes, 31, pour trouver le nombre de dizaines du quotient.

En 31, combien de fois 5 ? **6** fois.
6 fois 5 → 30. On écrit 30 sous 31.
30 ôté de 31 reste 1 (1 dizaine).

```
 c d u
 8 1 5 | 5
- 5↓   |____
 ---   | 1 6 .
 3 1
- 3 0
 ----
   1
```

OUVRIR L'ŒIL

Si le chiffre de gauche du dividende est **plus petit** que le diviseur on prend **2** chiffres.

```
438 | 7
    |___      4 < 7.
    |
```

En 4 combien de fois 7 ? *Impossible.*

On doit donc dire, en **43** combien de fois 7 ?

```
  438 | 7
- 420 |____
  ---  | 62
   18
 - 14
  ---
    4
```

Pour équiper les ordinateurs de son école, un directeur a acheté 5 logiciels. Il a dépensé 815 €. ***Le prix d'un logiciel est de 163 €.***

■ On abaisse le chiffre des unités, 5, et on divise le nombre d'**unités** restantes, 15, pour trouver le nombre d'unités du quotient.

En 15, combien de fois 5 ? 3 fois.
3 fois 5 → 15. On écrit 15 sous 15.
15 ôté de 15 reste 0.

Résultat :

815 : 5 = 163 reste 0.

```
 c d u
 8 1 5 | 5
 - 5   |-------
       | 1 6 3
   3 1 |   ↑
 - 3 0 | quotient
   1 5 |
 - 1 5 |
reste → 0 |
```

UTILISER SES CONNAISSANCES

● *Indiquer, pour chaque division, le nombre de chiffres du quotient.*

491 : 5 ⟶ 5 × 10 < 491 < 5 × 100, donc 2 chiffres ;

1 325 : 7 ⟶ 7 × 100 < 1 325 < 7 × 1 000, donc 3 chiffres ;

61 643 : 3 ⟶ 3 × 10 000 < 61 643 < 3 × 100 000, donc 5 chiffres.

● *Poser et effectuer les divisions suivantes :*

537 : 4 ; 3 712 : 7 .

4 × 100 < 532 < 4 × 1 000.
Il y a 3 chiffres au quotient.

```
  537 | 4
 - 4  |-----
  13  | 134
 - 12 |
   17 |
 - 16 |
    1 |
```

7 × 100 < 3 742 < 7 × 1 000.
Il y a 3 chiffres au quotient.

```
 3742 | 7
 - 35 |-----
   24 | 534
 - 21 |
   32 |
 - 28 |
    4 |
```

EN SAVOIR PLUS

Pour *vérifier le résultat* d'une division, on fait la **preuve**. Pour cela, on effectue la *multiplication inverse* et on *ajoute le reste* s'il est différent de zéro.

Par exemple, la preuve de la division

```
 514 | 8
- 48 |----
  34 | 64
- 32 |
   2 |
```

est :

(64 × 8) + 2 = 514 .

512

La preuve montre que cette division est **juste**, car elle permet de *retrouver le dividende.*

VOIR AUSSI :
La division des entiers, technique opératoire (2), 32

32

CALCUL

Opérations

LA DIVISION DES ENTIERS, TECHNIQUE OPÉRATOIRE (2)

2 CHIFFRES AU DIVISEUR

COMPRENDRE

CM ● **Comment trouver le prix d'un abonnement ?**

On effectue la division 876 : 12.

CM ● **Comment effectuer cette division ?**

On cherche d'abord le nombre de chiffres du quotient (voir fiche **31**).

$$12 \times 10 < 876 < 12 \times 100 .$$

Le quotient est compris entre 10 et 100.

Il y aura donc **2 chiffres**. → on met 2 points

c d u	
8 7 6	1 2
	. .
	d u

On fait ensuite les calculs.

■ On cherche le nombre de dizaines du quotient en divisant les **dizaines** du dividende par 12.

c d u	
8 7 6	1 2
− 8 4	7 .
3	

En 87, combien de fois 12 ? **7** fois.
7 fois 12 → 84.
84 ôté de 87 reste 3 (3 dizaines).

■ On abaisse le chiffre des unités, 6, et on divise le nombre d'**unités** restantes, 36, pour trouver le nombre d'unités du quotient.

c d u	
8 7 6	1 2
− 8 4 ↓	7 **3**
3 6	↑ quotient
− 3 6	
reste → 0	

En 36, combien de fois 12 ? **3** fois.
3 fois 12 → 36.
36 ôté de 36 reste 0.

Résultat :

876 : 12 = 73 reste 0.

OUVRIR L'ŒIL

Si les **2** chiffres de gauche du dividende forment un nombre **plus petit** que le diviseur, on prend **3** chiffres.

1 2 5 0	3 4

12 < 34.

En **12**, combien de fois 34 ?

Impossible.

On doit donc dire : en **125**, combien de fois 34 ?

1 2 5 0	3 4
− 1 0 2	3 6
2 3 0	
− 2 0 4	
2 6	

On abonne **12** *enfants à une revue documentaire.*
La dépense totale s'élève à **876 €.**
Chaque abonnement coûte 73 €.

APPRENDRE

CM ● **Comment diviser 876 par 12 sans poser les soustractions ?**

On effectue les soustractions mentalement.

■ On divise les dizaines.

En 87, combien de fois 12 ? **7** fois.
7 fois 2 → 14.
14 ôté de (1)7 → reste 3.
7 fois 1 → 7 ; 7 + (1) **(retenue)** = 8.
8 ôté de 8 reste 0.

```
(1)
8 7 6 | 1 2
      |-----
0 3   | 7
```

■ On abaisse le 6 et on divise les unités restantes.

En 36, combien de fois 12 ? **3** fois.
3 fois 2 → 6.
6 ôté de 6 → reste 0.
3 fois 1 → 3.
3 ôté de 3 → reste 0.

```
8 7 6 | 1 2
    ↓ |-----
      | 7 3
  3 6 |
  0 0 |
```

UTILISER SES CONNAISSANCES

● *Compléter la division suivante :*

```
 6127 | 50          6127 | 50
- 50  |-----   →   - 50  |-----
 ...  | 1..         112  | 122
- ... |            -100  |
  ... |             127  |
 - ...|            -100  |
   .. |              27  |
```

● *Poser et effectuer la division* 3 546 : 25 *sans poser les soustractions.*

$25 \times 100 < 3\,546 < 25 \times 1\,000$.

Le quotient aura 3 chiffres.

```
3546 | 25
     |-----
104  | 141
  46 |
  21 |
```

EN SAVOIR PLUS

Il est parfois difficile de trouver un chiffre du quotient.
C'est le cas dans la division.

```
3872 | 45
     |-----
```

En 387, combien de fois 45 ?
On peut essayer d'approcher le résultat en procédant par « tâtonnement », en disant :
en **38**, combien de fois **4** ?
Le résultat est **9**.
Si le produit 45×9 est supérieur à 387, on essaie 45×8 ou encore 45×7 etc.

VOIR AUSSI :
La division des entiers, technique opératoire (1), 31

33

Calcul

Opérations

LA DIVISION DES ENTIERS
QUOTIENT DÉCIMAL

COMPRENDRE

CM ● **Comment calculer la longueur d'un tour du circuit ?**

On effectue la division 99 : 24 que l'on pousse au millième (quotient au millième).

CM ● **Comment effectuer cette division ?**

■ On calcule le quotient **entier**.

99 : 24 = 4 reste 3 (unités).

9 9	2 4
reste → 3	4

↑ quotient entier

■ On calcule le quotient décimal au **dixième**.

On place une virgule à droite de la partie *entière* du quotient, 4, et on écrit un **zéro** à droite du reste, 3 car 3 unités = 30 dixièmes .

9 9	2 4
3 0	4, 1
6	

↑ chiffre des dixièmes

On peut continuer la division.

30 : 24 = 1 reste 6 (dixièmes).

■ On calcule le quotient décimal au **centième**.

6 dixièmes = 60 centièmes .

On écrit un **zéro** à droite du reste, 6, et on divise 60 par 24.

60 : 24 = 2 reste 12 (centièmes).

9 9	2 4
3 0	4, 1 2
6 0	
1 2	

↑ chiffre des centièmes

■ On calcule le quotient décimal au **millième**.

12 centièmes = 120 millièmes .

On écrit un **zéro** à droite du reste 12, et on divise 120 par 24.

120 : 24 = 5 reste 0 .

9 9	2 4
3 0	4, 1 2 5
6 0	
1 2 0	
0	

↑ chiffre des millièmes

OUVRIR L'ŒIL

Dans la division
99 : 24 = 4,125

- 4,1 est le quotient :
  - à 0,1 près
  - au 1/10 près,
  - au dixième près.
- 4,12 est le quotient :
  - à 0,01 près
  - au 1/100 près,
  - au centième près.
- 4,125 est le quotient :
  - à 0,001 près
  - au 1/1 000 près,
  - au millième près.

Une course de motos se déroule sur **24** *tours de circuit.*
La distance totale de la course est de **99 km.**
***Chaque tour du circuit mesure* 4,125 km.**

APPRENDRE

CM ● **Comment procéder lorsque le dividende est inférieur au diviseur ?**

On veut effectuer 25 : 38 . On voit que 25 < 38 .
Donc le quotient sera *plus petit que* 1.

■ On calcule le quotient **entier**.
En 25, combien de fois 38 → **0** fois.
Il y a donc 0 unité au quotient.
On écrit **0** au quotient et on place une **virgule** à droite du 0.

25	38
	0,

■ On calcule le quotient au **dixième**.
25 unités = 250 dixièmes.
On écrit un **zéro** à droite de 25 et on continue la division.

250 : 38 = **6** reste 22.

25**0**	38
22	0,**6**

On peut poursuivre la division au **centième** ou au **millième**.

UTILISER SES CONNAISSANCES

● *Compléter la division suivante et placer la virgule :*

637	42
. . .	. . .
. .	
. .	

→

637	42
217	15,1
70	
28	

● *M. Voisin a acheté une voiture d'occasion* 6 150 €.
Il l'a payée en 24 mensualités.
Quel est le montant d'une mensualité (donner le résultat au 1/100) ?

Montant d'une mensualité : 6 150 : 24 = 256,25 (€) .

EN SAVOIR PLUS

● Dans la division 243 : 46 poussée au *dixième*, le reste est 3,**8** car le chiffre **8** est dans la colonne des *dixièmes*.

u ¦ $\frac{1}{10}$	
2 4 3 ¦	46
1 3 ¦ 0	5, 2
3 ¦ **8**	

● Dans la division 15 : 36 poussée au *centième*, le reste est 0,**24** car **2** est dans la colonne des *dixièmes* et **4** dans celle des *centièmes*.

u ¦ $\frac{1}{10}$ ¦ $\frac{1}{100}$	
1 5 ¦ 0	36
0 6 ¦ 0	0, 4 1
¦ **2** ¦ **4**	

VOIR AUSSI :
La division des entiers, technique opératoire (1) et (2), 31-32
La division d'un nombre décimal par un entier, 34

34

CALCUL
Opérations

LA DIVISION D'UN NOMBRE DÉCIMAL PAR UN ENTIER

OUVRIR L'ŒIL

● Il faut savoir que :

- quotient au **dixième** :
→ 1 *chiffre* à droite de la virgule ;
- quotient au **centième** :
→ 2 *chiffres* à droite de la virgule ;
- quotient au **millième** :
→ 3 *chiffres* à droite de la virgule.

● Lorsqu'il n'y a plus de chiffre à abaisser dans la partie décimale, on écrit un **0** *à droite du reste* avant de continuer la division.

Exemple :

4 2, 5	9
6 5	4, 7 2
2 0	
reste → 2	

2 dixièmes = 20 centièmes

COMPRENDRE

CM ● **Comment trouver le prix de la visite par personne ?**

On divise 65,45 par 7.

CM ● **Comment effectuer cette division ?**

▪ *Étape* 1

On divise la **partie entière** du dividende, c'est-à-dire 65.

En 65, combien de fois 7 ?
→ 9 fois.
9 fois 7 → 63.
63 ôté de 65 reste 2.

partie entière

6 5, 4 5	7
2	9

▪ *Étape* 2

On abaisse le chiffre des **dixièmes**, 4.
On place une virgule au quotient et on divise les dixièmes restants, 24.

En 24, combien de fois 7 ?
→ 3 fois.
3 fois 7 → 21.
21 ôté de 24 reste 3.

6 5, 4 5	7
2 4	9, 3
3	

▪ *Étape* 3

On abaisse le chiffre des **centièmes**, 5 et on divise les centièmes restants, 35.

En 35, combien de fois 7 ?
→ 5 fois.
5 fois 7 → 35.
35 ôté de 35 reste 0.

6 5, 4 5	7
2 4	9, 3 5
3 5	
0	

7 *adolescents ont dépensé en tout* **65,45 €** *lors de la visite d'un château.*

La visite a coûté 9,35 € par personne.

APPRENDRE

CM ● **Comment procéder lorsque le dividende décimal est inférieur au diviseur entier ?**

On veut effectuer 37,5 : 63 .

▪ *Étape* 1

On divise la **partie entière** du dividende, c'est-à-dire 37.

En 37, combien de fois 63 ? → **0** fois.
On écrit **0** au quotient.
0 fois 63 → 0.
0 ôté de 37 reste 37.

partie entière ↓

37,5	63
37	0

▪ *Étape* 2

On abaisse le chiffre des **dixièmes**, 5.
On place une **virgule** au quotient.
On continue la division.
En 375, combien de fois 63 ? …

37,5	63
375	0,5
60	

↑ virgule

UTILISER SES CONNAISSANCES

● *Compléter cette division (au dixième) :*

857,6	31
. . .	. . .
. . .	
. .	

→

857,6	31
237	27,6
206	
20	

● *Poser et effectuer (au centième) :*

9,75 : 13 →

9,75	13
97	0,75
65	
0	

EN SAVOIR PLUS

Lorsque le **diviseur** est *décimal*, il faut le rendre *entier avant* de commencer la division. Pour cela, on le **multiplie** par 10, 100 ou 1 000 puis on multiplie le dividende par le même nombre.

Exemples :

14 : 3,2 → ×10 ×10 → 140 : 32

6,7 : 0,45 → ×100 ×100 → 670 : 45

(Voir, grandeurs proportionnelles, **37**.)

VOIR AUSSI :
La division des entiers, technique opératoire (1) et (2), 31-32
La division des entiers, quotient décimal, 33

35 CALCUL Opérations

LA CALCULATRICE (I)
CALCUL SIMPLE

COMPRENDRE

CE2 ● **Comment procéder pour faire comme Cyril ?**

On appuie sur	On lit
ON	0
5	5
4	54
9	549
+	549
7	7
8	78
=	627 ← Résultat de l'addition.

OUVRIR L'ŒIL

● On appuie sur (ON) :
– pour allumer la calculatrice ;
– pour annuler une opération.

● On appuie sur (OFF) pour éteindre la calculatrice.

● On appuie sur (CE) pour effacer le dernier nombre qui était affiché.

● On appuie sur (C) pour remettre l'affichage à 0.

APPRENDRE

CE2 ● **Comment soustraire, multiplier ou diviser deux nombres ?**

On procède comme pour l'addition de deux nombres.

Toutefois, au lieu d'utiliser la touche (+), on utilise :

– la touche (−) (soustraction) ;

– la touche (×) (multiplication) ;

– la touche (÷) (division).

CE2 ● **Comment additionner plus de deux nombres ?**

On veut additionner 485 + 19 + 53 .

On affiche le 1er nombre → [485].

On appuie sur (+) → On lit : [485] .

On affiche le 2e nombre → [19] .

Cyril a effectué l'addition 549 + 78 = 627 *sur son cahier d'essais.*
Pour s'assurer que le résultat est exact, il prend sa calculatrice.
Après ***vérification****, Cyril annonce : «* ***Mon addition est juste*** *».*

On appuie sur (+) → On lit : [504]. (résultat intermédiaire)
On affiche le 3e nombre → [53].
On appuie sur (+) → On lit : [557]. (résultat final)

UTILISER SES CONNAISSANCES

● *Compléter le tableau :*

On appuie sur	(ON)	(5)	(8)	(+)	(7)	(4)	(9)	(=)
On lit								
	0	5	58	58	7	74	749	807

● *Effectuer les opérations suivantes et les vérifier avec la calculatrice :*

1 012 – 764 → 248 ;
94 × 78 → 7 332 ;
72 : 9 → 8.

● *Indiquer les résultats qui vont apparaître à l'emplacement des ★ si l'on appuie sur les touches suivantes :*

(3) (6) (+) (5) (=) ★ (+) (2) (8) (3) (=) ★ [41] [324]

● *Indiquer le résultat qui va s'afficher :*

(3) (8) (×) (6) (4) (CE) (4) (6) (=) → 1 748.

EN SAVOIR PLUS

Pour certaines calculatrices, à chaque fois que l'on appuie sur la touche (=), on ajoute le dernier nombre entré au résultat affiché.

Exemple :

	On appuie sur	On lit
10 + 2	(=)	12
	(=)	14
	(=)	16

(On a ajouté 2 à chaque fois.)

VOIR AUSSI :
La calculatrice (2), 36

LA CALCULATRICE (2)
CALCUL AVEC MÉMOIRE

OUVRIR L'ŒIL

Il faut savoir utiliser les touches suivantes :

(M+) : pour mettre un nombre en mémoire ;

(M−) : pour retrancher un nombre dans la mémoire ;

(MR) : pour faire apparaître le contenu de la mémoire ;

(MC) : pour vider la mémoire (la lettre M disparaît de l'affichage) ;

(·) : pour faire apparaître une virgule.

Remarque :

(MRC) : rassemble (MR) et (MC) .

COMPRENDRE

CM ● **Comment le commerçant a-t-il trouvé le résultat ?**

Le commerçant a calculé :

$(159 \times 5) + (299 \times 3)$.

5 portes ↑ (159 × 5) ; 3 portes-fenêtres ↑ (299 × 3)

CM ● **Comment procéder ?**

■ *Étape* 1

On effectue le produit **159 × 5** .

On fait apparaître le résultat en appuyant sur la touche (M+) .

On lit [795 M] ← mémoire

■ *Étape* 2

On effectue le produit **299 × 3** .

On fait apparaître le résultat en appuyant sur la touche (M+) .

On lit [897 M] ← mémoire

■ *Étape* 3

On affiche le résultat final en appuyant sur la touche (MR) .

On appuie sur	On lit
(ON)	0
(1)	1
(5)	15
(9)	159
(×)	159
(5)	5
(M+)	795 M
↓	↓
(2)	2 M
(9)	29 M
(9)	299 M
(×)	299 M
(3)	3 M
(M+)	897 M
↓	↓
(MR)	1692 M

On lit [1692 M] ← mémoire

*Un commerçant vend **5** portes à **159 €** l'une et **3** portes-fenêtres à **299 €** pièce.*
*Il prend sa calculatrice et dit au client : « Vous me devez **1 692 €** ».*

APPRENDRE

CM

Comment utiliser la touche (M–) ?

On utilise cette touche pour retrancher un nombre ou un résultat de la mémoire.

On veut effectuer $(15 \times 4) - 26$.

On appuie sur	(1)	(5)	(×)	(4)	(M+)	(2)	(6)	(M–)	(MR)
On lit	1	15	15	4	60^M	2^M	26^M	26^M	34^M

UTILISER SES CONNAISSANCES

- *Compléter le tableau :*

On appuie sur	(ON)	(9)	(M+)	(7)	(×)	(6)	(M+)	(MR)	(MC)	(C)
On lit										
	0	9	9^M	7^M	7^M	6^M	42^M	51^M	51	0

- *Calculer le résultat mentalement :*

$60 + 40 + 30$ (M+) $120 : 2$ (M–) (MR) ⟶ 70.

- *Indiquer le contenu de la mémoire en ①, ② et ③ :*

12×3 (M+) $10 - 5$ (M+) $8 + 4$ (M–)

① ↓ 36^M ② ↓ 41^M ③ ↓ 29^M

- *À l'aide de la calculatrice, calculer la dépense totale pour les achats suivants : 3 pizzas à 8,50 € l'une, 2 quiches à 7,90 € l'une, 1 tarte aux fraises à 9 €.*

$8{,}5 \times 3$ (M+) $7{,}9 \times 2$ (M+) 9 (M+) (MR) ⟶ 50,3.

EN SAVOIR PLUS

Lorsque plusieurs opérations ont *un nombre commun*, on met ce nombre **en mémoire** avant de faire les calculs.

Exemple :

$49 \times 4{,}8$
$38 - 4{,}8$
$17 + 4{,}8$

Étape 1 :
On met 4,8 en mémoire en appuyant sur (M+).

Étape 2 :
On fait les calculs en frappant sur (MR) au lieu de composer 4,8.

Étape 3 :
On affiche le résultat en frappant sur (=).

Exemple :
pour $49 \times 4{,}8$ on obtient :
49^M (×) (MR) (=) $235{,}2^M$.

VOIR AUSSI :
La calculatrice (1), 35

37

CALCUL

Proportionnalité

GRANDEURS PROPORTIONNELLES

OUVRIR L'ŒIL

3	7	9
9	21	36

Il n'y a pas proportionnalité entre les listes 3 ; 7 ; 9 et 9 ; 21 ; 36, car on ne peut pas passer de l'une à l'autre de ces listes à l'aide d'un seul opérateur.

L'opérateur (× 3) ne convient que pour **2** couples de nombres :

3 —(× 3)→ 9

7 —(× 3)→ 21

mais 9 —(× 3)→ 27

et non 36 .

COMPRENDRE

CM **Comment vérifier que le prix des glaces est proportionnel au nombre de glaces ?**

On peut passer du nombre de glaces au prix des glaces (ou l'inverse) grâce aux opérateurs :

(× 5) et (: 5) .

Nombre de glaces	1	2	5	8
Prix des glaces (en €)	5	10	25	40

× 5 (de la 1re ligne à la 2e) ; : 5 (de la 2e ligne à la 1re)

APPRENDRE

CM **Comment compléter un tableau de proportionnalité ?**

On peut compléter un tableau de proportionnalité en utilisant les opérateurs (×) et (:) :

2	5	7	8
6	15	21	24

× 4 (de 2 à 8) ; : 4 (de 24 à 6) ; × 3 (de la 1re ligne à la 2e) ; : 3 (de la 2e ligne à la 1re)

UTILISER SES CONNAISSANCES

Dans lequel des deux tableaux suivants y a-t-il proportionnalité ? Pourquoi ?

Tableau A

4	6	3	8
28	42	21	56

Tableau B

1	7	9	6
6	42	63	36

Julie et Vincent observent le tableau ci-contre.

Julie dit à Vincent :

« le prix des glaces est ***proportionnel*** *au nombre de glaces. »*

Nombre de glaces	1	2	5	8
Prix des glaces (en €)	5	10	25	40

Il y a proportionnalité dans le tableau A car on peut passer de la liste 4 ; 6 ; 3 ; 8 à la liste 28 ; 42 ; 21 ; 56 grâce à l'opérateur (×7) (ou (:7)).

Dans le tableau B l'opérateur (×6) convient pour 1 ; 7 ; 6 mais pas pour 9 car 9 (×6) 54 et non 63.

Il n'y a pas proportionnalité pour l'ensemble de ce tableau.

● *Compléter ce tableau de proportionnalité et indiquer les opérateurs :*

	3	8	
81	27		63

Opérateurs : ( ) ; ( )

9	3	8	7
81	27	72	63

Opérateurs : (×9) ; (:9)

● *Compléter ce tableau de proportionnalité en utilisant les opérateurs* (×) *et* (:) *:*

7	35	42
20		

Opérateurs : ( ) ; ( ) ; ( ) ; ( )

7	35	42
20	100	120

Opérateurs : (×5) ; (×6) ; (:5) ; (:6)

EN SAVOIR PLUS

Une situation de proportionnalité peut être représentée par un **graphique**. On obtient alors une *droite*.

Nombre de glaces	Prix des glaces (en €)
1	5
2	10
5	25
8	40

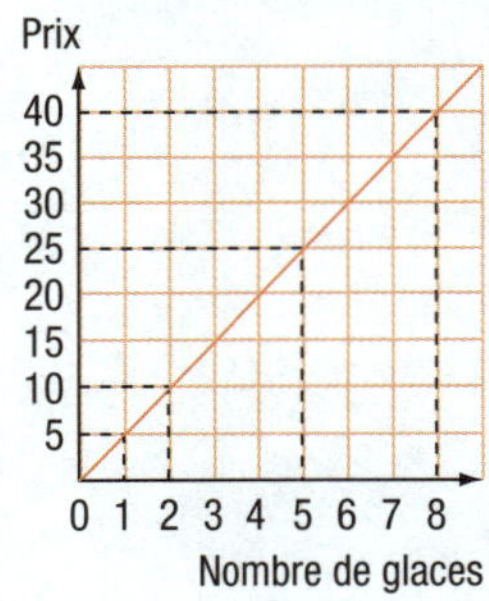

VOIR AUSSI :
La règle de trois, 38

38
Calcul
Proportionnalité

LA RÈGLE DE TROIS

OUVRIR L'ŒIL

● On fait une règle de trois lorsque le 2e nombre n'est pas un multiple (ou un diviseur) du 1er nombre. Par exemple : 12 (tasses) n'est pas un multiple de 7 (tasses).

● La règle de trois $\frac{45}{7} \times 12$ peut aussi s'écrire : $\frac{45 \times 12}{7}$.

COMPRENDRE

CM ● **Comment trouver le prix de 5 CD ?**

Pour trouver le prix de 5 CD, il faut faire une **règle de trois.**

– 3 CD coûtent 45 € ,

– 1 CD coûte **45 : 3** ou $\frac{45}{3}$ = 15 (€),

– 5 CD coûtent $\frac{45}{3} \times 5 = 75$ (€) .

Dans une règle de trois, il faut :

– d'abord calculer la valeur d'**un** objet en faisant une **division** $\left(\text{ici } \frac{45}{3}\right)$,

– puis calculer la valeur recherchée en faisant une **multiplication** $\left(\text{ici } \frac{45}{3} \times 5\right)$.

les 5 CD dont on veut connaître le prix ↓

prix des 3 CD → $\frac{45 \times 5}{3}$ = 75 (€) ← valeur des 5 CD

les 3 CD → 3

APPRENDRE

CM ● **Comment poser et résoudre rapidement une règle de trois ?**

20 crayons coûtent 5 €. Combien coûtent 8 crayons ?

■ On pose la règle de trois en plaçant correctement les **trois nombres** qui figurent dans l'énoncé : 20, 5 et 8 .

les 8 crayons dont on veut connaître le prix ↓

prix des 20 crayons → $\frac{5 \times 8}{20}$ =

20 ← **les 20 crayons**

Mme Benoît a acheté **3** *CD. Elle a dépensé* **45 €**. *Si elle avait acheté* **5 CD**, ***elle aurait dépensé* 75 €.**

■ On effectue les calculs.

On peut commencer par effectuer la division :

$$(5 : 20) \times 8 = 0{,}25 \times 8 = 2\ (€)\ .$$

On peut également commencer par la multiplication :

$$(5 \times 8) : 20 = 40 : 20 = 2\ (€)\ .$$

$$\frac{5 \times 8}{20} = 2\ (€)\ .$$ ← prix des 8 crayons

CM ● **Peut-on simplifier une règle de trois ?**

Il est parfois possible de simplifier l'écriture d'une règle de trois.

Ainsi $\frac{5 \times 8}{20}$ deviendra (en divisant par 5 puis par 4) :

$$\frac{5 \times 8}{20} \xrightarrow{:5} \frac{1 \times 8}{4} \xrightarrow{:4} \frac{1 \times 2}{1} = 2\ .$$

UTILISER SES CONNAISSANCES

● *Compléter cette règle de trois :*

4 *paquets pèsent* 20 kg.

1 *paquet pèse ?* ⟶ 1 paquet pèse $\frac{20}{4} = 5$ (kg) .

9 *paquets pèsent ?* ⟶ 9 paquets pèsent $\frac{20 \times 9}{4} = 45$ (kg) .

● 10 *timbres coûtent* 4 €. *Combien coûtent* 23 *timbres ?*

Écrire la règle de trois.

prix des 10 timbres ↓ les 23 timbres ↓

23 timbres coûtent : $\frac{4}{10} \times 23 = \frac{4 \times 23}{10} = 9{,}2$ (€) .

↑ les 10 timbres

EN SAVOIR PLUS

Lorsque l'on effectue une règle de trois, on utilise un opérateur :

$\xrightarrow{\ :\ }$

et un opérateur

$\xrightarrow{\ \times\ }$

Cela revient à utiliser un *opérateur fractionnaire.*

Exemple :

La suite d'opérations

$12 \xrightarrow{:3} 4$

$4 \xrightarrow{\times 5} 20$

peut s'écrire :

$12 \xrightarrow{\times \frac{5}{3}} 20$.

VOIR AUSSI :
Grandeurs proportionnelles, 37

39 **CALCUL** Proportionnalité

PRENDRE UNE FRACTION D'UN NOMBRE

OUVRIR L'ŒIL

Le calcul $\frac{450 \times 2}{3}$ peut être effectué suivant **deux méthodes.**

1re méthode

On effectue d'abord la *multiplication* :

$450 \times 2 = 900$

donc

$\frac{450 \times 2}{3} = \frac{900}{3} = 300$.

2e méthode

On effectue d'abord la *division* :

$450 : 3 = 150$

donc

$\frac{450 \times 2}{3} = 150 \times 2 = 300$.

COMPRENDRE

Comment Mme Lalanne a-t-elle trouvé 300 km ?

Mme Lalanne a trouvé 300 km en calculant les $\frac{2}{3}$ de 450 km.

Comment effectuer ce calcul ?

■ *Étape* 1

On **divise** 450 par **3** pour trouver la valeur d'$\frac{1}{3}$.

$$\frac{450}{3} = 150.$$

450 km = $\frac{3}{3}$ de la distance

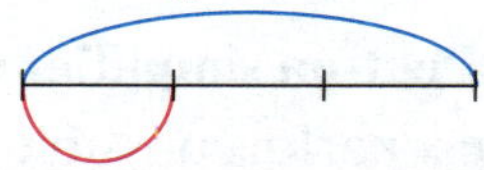

$\frac{1}{3}$ de la distance = 150 km

■ *Étape* 2

On **multiplie** 150 par **2** pour trouver la valeur des $\frac{2}{3}$.

$$150 \times 2 = 300.$$

On écrit : $\frac{450 \times 2}{3} = 300$.

$\frac{2}{3}$ de la distance = 300 km

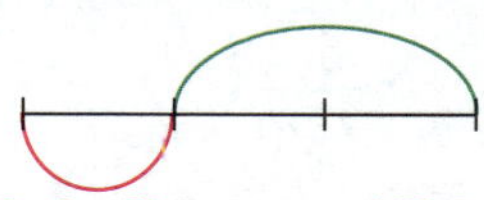

$\frac{1}{3}$ de la distance = 150 km

APPRENDRE

Comment trouver la distance restant à parcourir après l'arrêt ?

■ *1re méthode*

On effectue une **soustraction**.

distance déjà parcourue

↓

$450 - 300 = 150$ km

↑ distance totale — ↑ distance restant à parcourir

■ *2e méthode*

On cherche d'abord la **fraction** qui représente la distance restante.

M. et Mme Lalanne se rendent de Paris à Lyon.
La distance entre les 2 villes est de **450 km**.

Lors d'un arrêt, M. Lalanne dit : « Nous avons fait les $\frac{2}{3}$ ***du parcours** ». Mme Lalanne répond : « Oui, et* ***cela représente** **300 km.*** »

distance totale → $\frac{3}{3} - \frac{2}{3} = \frac{1}{3}$ ← distance restante

↑
distance parcourue

On multiplie ensuite la distance totale par $\frac{1}{3}$:

$$450 \times \frac{1}{3} = 150 \text{ km}.$$

- **Comment retrouver un nombre dont on connaît une fraction ?**

Prenons un exemple : Charlotte a dépensé les $\frac{3}{4}$ de ses économies, soit 30 €. Combien possédait-elle ?

On divise d'abord 30 € par 3 $\left(\text{valeur d'} \frac{1}{4}\right)$.

$30 : 3 = 10$ — ↑ **numérateur de la fraction**

On multiplie ensuite le résultat par 4 $\left(\text{valeur des } \frac{4}{4}\right)$.

↑ **dénominateur de la fraction**

$10 \times 4 = 40$. Charlotte possédait $30 \times \frac{4}{3} = 40$ (€).

OUVRIR L'ŒIL

Une **fraction** peut être représentée par un **nombre décimal**.
Exemples :

$\frac{1}{2} = 0{,}5$ $\frac{1}{4} = 0{,}25$

$\frac{3}{4} = 0{,}75$ $\frac{4}{5} = 0{,}8$

On peut donc, dans un calcul, *remplacer la fraction* par le *nombre décimal correspondant*.
Exemple :

$$40 \times \frac{3}{4} = 40 \times 0{,}75.$$

UTILISER SES CONNAISSANCES

- *Dans une école de 300 élèves, les* $\frac{4}{5}$ *des enfants déjeunent à la cantine.*
Combien d'élèves déjeunent à la cantine ?

$\frac{300 \times 4}{5} = 240$ (élèves). 240 élèves mangent à la cantine.

- *M. Blanc a déjà payé les* $\frac{5}{11}$ *de ses impôts, soit* 500 €.
Quel est le montant total des impôts de M. Blanc ?

Montant total des impôts : $\frac{500 \times 11}{5} = 1\,100$ (€).

VOIR AUSSI :
La règle de trois, 38
Les pourcentages, 40
Les nombres décimaux (1) et (2), 12-13

40

CALCUL

Proportionnalité

LES POURCENTAGES

OUVRIR L'ŒIL

- 30 % (30 pour cent) s'appelle un **pourcentage**.

- Un pourcentage est **équivalent** à une *fraction décimale* et à un *nombre décimal.*

$$30\ \% = \frac{30}{100} = 0{,}3\ .$$

On peut donc remplacer l'écriture $600 \times 30\ \%$ par l'écriture $600 \times \frac{30}{100}$ ou par l'écriture $600 \times 0{,}3$.

COMPRENDRE

CM **Comment trouver le montant de la réduction sur le prix de la planche de surf ?**

On trouve le montant de la réduction en calculant les 30 % (30 pour cent) de 600 €.

CM **Comment effectuer ce calcul ?**

30 % est équivalent à la fraction $\frac{30}{100}$.

Prendre les 30 % de 600 €, c'est calculer les $\frac{30}{100}$ de ce prix.

On **multiplie** 600 par 30, et on **divise le résultat obtenu** par 100. → $\frac{600 \times 30}{100}$

$$\frac{600 \times 30}{100} = \frac{18\ 000}{100} = 180\ .$$

La *réduction* sur le prix de la planche de surf est donc de 180 €.

Après déduction de cette réduction, on paiera la planche de surf :

$$600 - 180 = 420\ (€)\ .$$

APPRENDRE

CM **Comment calculer une quantité dont on connaît un pourcentage ?**

Une raquette de tennis est vendue avec une réduction de 30 %, soit 12 € de moins que son prix habituel. Quel était le prix de la raquette avant la réduction ?

Pour retrouver le prix avant la réduction (les 100 %), il faut multiplier le montant de cette réduction par l'**inverse** du pourcentage. Ce qui donne ici :

Cette planche de surf coûtait **600 €.**
En raison des soldes (– 30%), on la paiera
180 € *de moins* *que le prix normal,*
c'est-à-dire **420 €.**

montant de la réduction → $12 \times \frac{100}{30} = \frac{1\,200}{30} = 40$ (€).

↑ inverse de $\frac{30}{100}$ (30 %)

↑ prix de la raquette avant la réduction

La raquette coûtait 40 € avant la réduction.

CM ● **Comment calculer un pourcentage ?**

Une encyclopédie coûte 130 €, et elle est vendue avec 26 € de réduction.
Quel est le pourcentage de la réduction ?

Pour le savoir, il faut calculer quel serait le montant de la réduction pour un livre coûtant 100 €. Pour cela, on fait une règle de trois.

montant de la réduction ↓ si le livre coûtait 100 € ↓

prix du livre → $\frac{26 \times 100}{130} = \frac{2\,600}{130} = 20$ (€).

La réduction est de 20 € pour un achat de 100 €.
Elle est donc de 20 %.

UTILISER SES CONNAISSANCES

● *Calculer : les 25 % de 480 €.* ⟶ $\frac{480 \times 25}{100} = 120$ (€) .

● *Un fromage de 8 kg contient 4,8 kg de matières grasses. Quel est le pourcentage de matière grasses ?*

$\frac{4{,}8 \times 100}{8} = 60$. Ce fromage contient 60 % de matières grasses.

● *La sécurité sociale a remboursé 70 % du prix d'une consultation, soit 17,08 €.*
Quel était le prix de cette consultation ?

$17{,}08 \times \frac{100}{70} = 24{,}40$ € .

OUVRIR L'ŒIL

Comme tous les autres nombres décimaux, les **pourcentages** peuvent être *additionnés* ou *retranchés*.
Exemple :
100 % – 30 % = 70 % .
Si j'achète une planche de surf de 600 € avec 30 % de réduction, je paierai **70 %** du prix normal.
600 € × 70 % = 420 € .
Il est plus simple de calculer **directement** le prix à payer de cette façon, plutôt que de calculer la valeur de la réduction de 30 % et de la soustraire ensuite du prix normal.

VOIR AUSSI :
Les nombres décimaux (1) et (2), 12-13
Prendre une fraction d'un nombre, 39

41

CALCUL
Proportionnalité

LES ÉCHELLES

OUVRIR L'ŒIL

L'échelle $\frac{1}{100}$ (ou 1/100) signifie que la représentation est **100 fois plus petite** que la dimension réelle ou, autrement dit, que la dimension réelle est **100 fois plus grande** que la représentation qui en est faite.

COMPRENDRE

CM ● **Comment déterminer l'échelle du plan du bureau ?**

On détermine l'échelle du plan en cherchant l'opérateur qui permet de passer des dimensions *sur le plan* aux dimensions *réelles* et inversement.

Avant de chercher l'opérateur, il **faut exprimer les dimensions** du plan du bureau et les dimensions réelles avec la **même unité**.

3,5 m = 350 cm . 2,5 m = 250 cm .

On établit ensuite un tableau :

dimensions sur le plan (cm)	3,5	2,5
dimensions réelles (cm)	350	250

(× 100 : du plan vers le réel ; : 100 : du réel vers le plan)

L'opérateur étant (× 100) ou (: 100),

l'échelle est $\frac{\mathbf{1}}{\mathbf{100}}$.

1 cm sur le plan représente 100 cm (1 m) dans la réalité.

APPRENDRE

CM ● **Dans la pratique, comment trouver l'échelle ?**

On trouve l'échelle en **divisant** la dimension réelle par la dimension sur le plan, les deux dimensions étant exprimées avec la *même unité*.

Exemple :

dimension réelle : 20 m ;
dimension sur le plan : 4 cm .
On convertit : 20 m = 2 000 cm .
On divise : 2 000 : 4 = 500 . Échelle : $\frac{1}{500}$.

Voici le plan du bureau de Romain.
Dans la réalité, ce bureau mesure 3,5 m *de long et* 2,5 m *de large. Sur ce plan, les* 3,5 m *sont représentés par* 3,5 cm *et les* 5 m *par* 2,5 cm.

L'échelle du plan est $\mathbf{\frac{1}{100}}$.

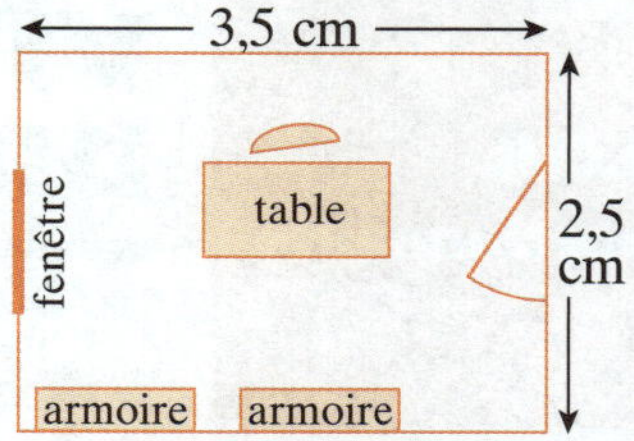

● **Comment trouver la dimension réelle ?**

On trouve la dimension réelle en **multipliant** la dimension sur le plan par l'*opérateur* (le dénominateur de l'échelle).

Exemple :

dimension sur la carte : 12 cm ; échelle : $\frac{1}{200\,000}$.

distance réelle = $12 \times 200\,000 = 2\,400\,000$ cm = 24 km.

● **Comment trouver la dimension sur le plan ?**

On trouve la dimension sur le plan en **divisant** la dimension réelle par l'*opérateur* (le dénominateur de l'échelle).

Exemple :

dimension réelle : 37 m ; échelle : $\frac{1}{1\,000}$.

dimension sur le plan = $37 : 1\,000 = 0{,}037$ m = 37 mm.

UTILISER SES CONNAISSANCES

● *Sur une carte, une distance de* 500 m *est représentée par un segment de droite de* 5 cm. *Quelle est l'échelle de cette carte ?*

500 m = 50 000 cm. $\frac{50\,000}{5} = 10\,000$. L'échelle est : $\frac{1}{10\,000}$.

● *Sur une carte au* 1/500 000, *la distance entre* 2 *villes est de* 4,5 *cm. Quelle est la distance réelle ?*

– 1 cm représente 500 000 cm ;
– 4,5 cm représentent $4{,}5 \times 500\,000 = 2\,250\,000$ (cm).
2 250 000 cm = 22,5 km. La distance réelle est de 22,5 km.

● *Une automobile mesure* 4,20 m *de long. On la représente en modèle réduit à l'échelle* 1/60. *Quelle sera la longueur du véhicule en modèle réduit ?*

4,20 m = 420 cm.
420 : 60 = 7 (cm). Le modèle réduit aura 7 cm de long.

EN SAVOIR PLUS

Une échelle peut être représentée par un **graphique**. Ainsi, au bas des cartes, on peut trouver l'indication de l'échelle sous la forme :

$\frac{1}{1\,000\,000}$

ou

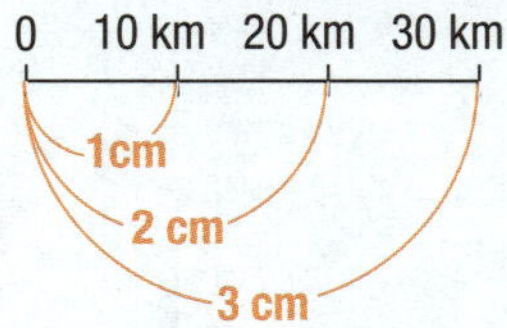

Cette échelle graphique correspond à l'échelle numérique $\frac{1}{1\,000\,000}$.

VOIR AUSSI :
Grandeurs proportionnelles, 37
Mesures de longueurs (1) et (2), 60-61

42

CALCUL

Proportionnalité

VITESSE DISTANCE TEMPS

OUVRIR L'ŒIL

Il faut bien connaître ces formules :

Vitesse = distance : temps.

Distance = vitesse × temps.

Temps = distance : vitesse.

COMPRENDRE

CM ● **Qu'appelle-t-on vitesse moyenne du TGV ?**

La vitesse moyenne du TGV est la distance qu'il parcourt, en moyenne, en **1 heure**.
On l'exprime en **km/h** (kilomètre-heure).
En admettant que le TGV roule toujours à la même vitesse, on calcule sa vitesse horaire (en 1 heure), grâce **au principe de la proportionnalité**.
En 3 h, il parcourt 600 km.
En 1 h, il parcourt 3 fois moins de distance :
soit :

$$600 : 2 = 300 \text{ (km)}.$$

(600 : distance ; 2 : temps ; 300 : vitesse)

On calcule la **vitesse moyenne** *en divisant* la distance par le temps.

APPRENDRE

CM ● **Comment calculer la distance parcourue ?**

Si une voiture roule à 75 km/h et qu'elle a roulé pendant 5 h, elle a parcouru :

$$75 \times 5 = 375 \text{ (km)}.$$

(75 : vitesse ; 5 : temps ; 375 : distance parcourue)

On calcule la **distance parcourue** *en multipliant* la vitesse par le temps.

CM ● **Comment calculer le temps mis ?**

Si un motocycliste a parcouru 450 km à la vitesse moyenne de 50 km/h, il a mis :

$$450 : 50 = 9 \text{ (h)}.$$

(450 : distance ; 50 : vitesse ; 9 : temps mis pour parcourir la distance)

On calcule le **temps mis** pour parcourir la distance en *divisant* la distance par la vitesse.

Un TGV a parcouru une distance de 600 km *en* 2 heures.
***Il a roulé à la vitesse moyenne de* 300 km/h.**

CM ● **Comment calculer une vitesse avec un temps comportant une demi-heure ?**

Une voiture a parcouru 90 km en 1 h 30.
On veut connaître sa vitesse moyenne.
Il faut faire une règle de trois, après avoir exprimé le temps en **demi-heures**.

$$1 \text{ h } 30 = 1 \text{ h} + \frac{1}{2} \text{ h} = \frac{2}{2} \text{ h} + \frac{1}{2} \text{ h} = \frac{3}{2} \text{ h} = 3 \text{ demi-heures.}$$

On calcule la distance parcourue en *une demi-heure* :

$$\frac{90}{3} = 30 \text{ (km)}.$$

On calcule ensuite la distance parcourue en *une heure* :

$$30 \times 2 = 60 \text{ (km)}.$$

La vitesse est : $\frac{90 \times 2}{3} = 60$ (km/h).

UTILISER SES CONNAISSANCES

● *Compléter le tableau :*

***Vitesse moyenne* (km/h)**		82	11
***Distance parcourue* (km)**	60		33
***Temps mis* (h)**	2	4	

Vitesse $60 : 2 = 30$ (km/h) ; Distance $82 \times 4 = 328$ (km) ;
Temps $33 : 11 = 3$ (h).

● *Observer les cadrans, puis calculer la vitesse moyenne de l'automobiliste :*

Au départ : 60 925 km ; 7 h 00
À l'arrivée : 61 277 km ; 12 h 30

Distance parcourue : $61\,277 - 60\,925 = 352$ (km).
Temps mis : 12 h 30 min − 7 h = 5 h 30 min (= 11 demi-heures).
Vitesse moyenne : $\frac{352 \times 2}{11} = 64$ (km/h).

EN SAVOIR PLUS

● Lorsque le temps comporte un ou trois quarts d'heure, il faut l'exprimer en **quarts d'heures**.
Prenons le cas d'une voiture qui parcourt 207 km en 2 h 15 min.
Quelle est sa vitesse ?
Temps :
2 h 15 min = 9 quarts d'heure ;
Distance : 207 km ;
Vitesse $= \frac{207 \times 4}{9}$
$= 92$ km/h .

● Si la voiture met 1 h 39 min, il faut exprimer le temps mis en **minutes**
(1 h 39 min = 99 min),
puis faire la règle de trois.
Vitesse $= \frac{207 \times 60}{99}$
$= 125{,}4$ km/h .

VOIR AUSSI :
Grandeurs proportionnelles, 37
Unités de mesure de durées, 69

Géométrie

43 Géométrie

REPÉRAGE DE CASES ET DE NŒUDS

COMPRENDRE

Comment donner la position d'une case sur un quadrillage ?

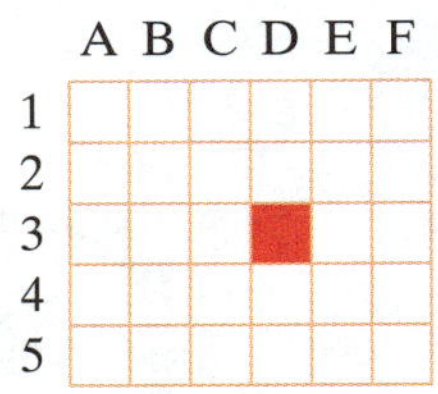

Comme dans le jeu de « la bataille navale », on utilise **deux repères** :
– un repère **horizontal**,
– un repère **vertical**.

Ici, pour la case rouge, le repère horizontal correspond à la la lettre **D** , et le repère vertical au chiffre **3**. Le **code** de la case rouge est (**D**, **3**).

repère horizontal ↘ ↙ repère vertical

(D, 3)

code

OUVRIR L'ŒIL

Lorsque les repères horizontaux et verticaux sont de même nature, il faut faire attention au sens de la lecture. Il est indiqué par une flèche. Le chiffre ou la lettre vers lequel pointe la flèche doit être lu en dernier.

Exemple :

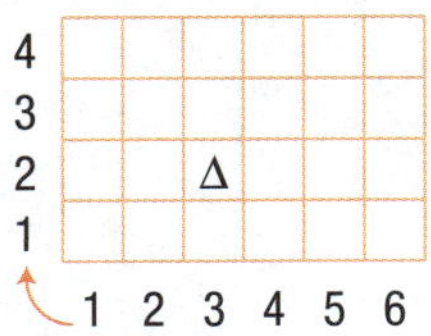

La position du triangle correspond au repère horizontal **3** et au repère vertical **2**.
Le code du triangle est (**3**, **2**).

APPRENDRE

Comment donner la position d'un nœud sur un quadrillage ?

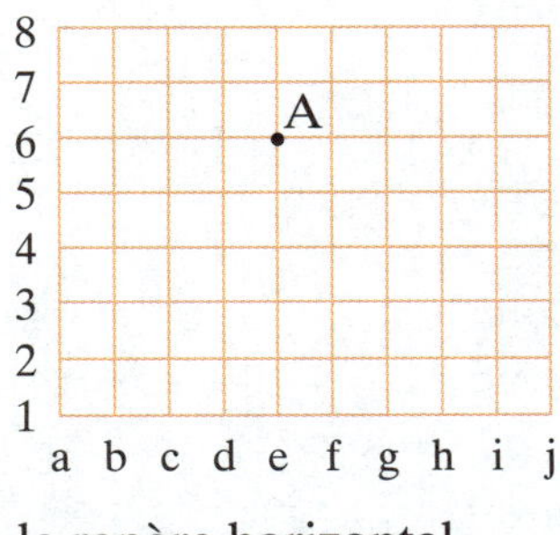

Un **nœud** est le point de rencontre de deux droites. La position d'un nœud est déterminée à l'aide du croisement de **deux lignes** :
– une ligne **horizontale**,
– une ligne **verticale**.

Ici, pour la position du point **A**, le repère horizontal correspond à la lettre **e**, et le repère vertical au chiffre **6**.

La position de la case rouge est donnée par le couple (D, 3).
(D, 3) est le code de cette case.

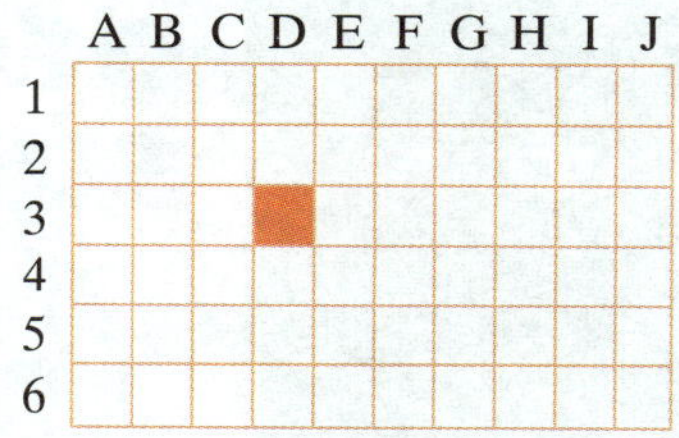

Le point A est au croisement des lignes issues de la lettre **e** et du chiffre **6**.
Le **code** du point A est **(e, 6)**.

repère horizontal → **(e, 6)** ← repère vertical
code

UTILISER SES CONNAISSANCES

- *Indiquer les codes des cases qui contiennent les signes ×, ○, □, et +.*

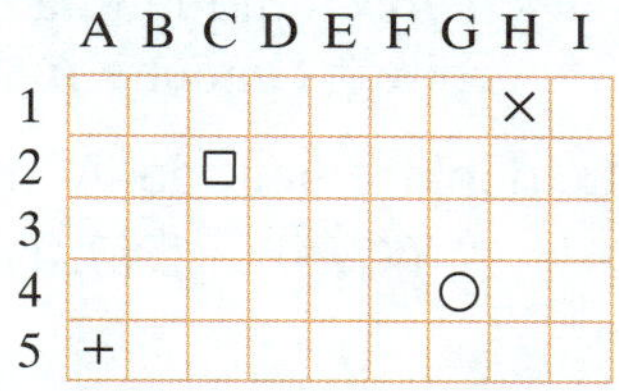

×(H,1) ; ○(G,4) ;
□(C,2) ; +(A,5).

- *Colorier les cases qui correspondent aux codes suivants :*
(B, 2) ; (F, 5) ;
(E, 3) ; (A, 4).

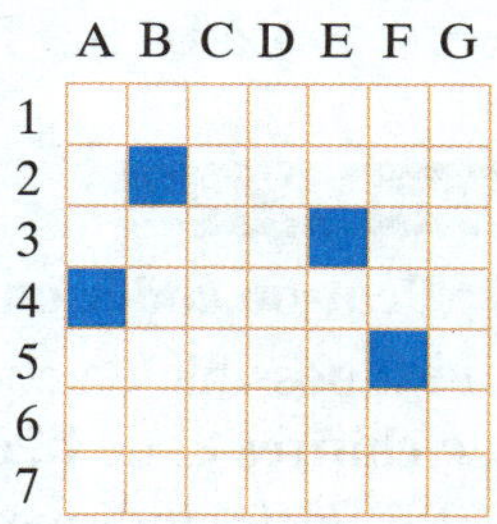

- *Indiquer les codes des nœuds qui correspondent aux points M, N, O, puis placer les points P, Q, R, qui correspondent aux codes suivants :*
P (*c*, 6) ; Q (*a*, 5) ; R (*f*, 1).

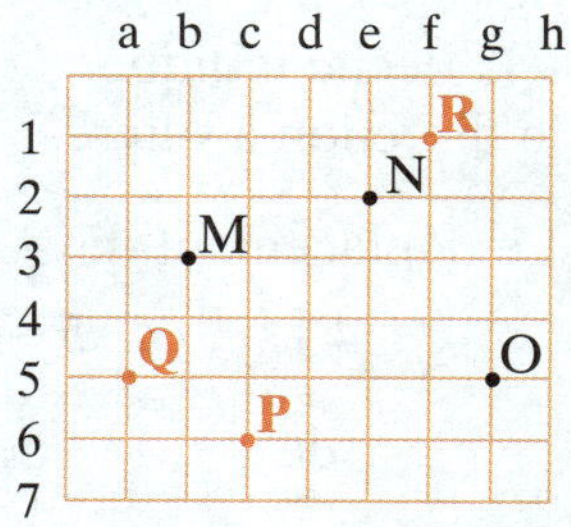

M (*b*,3) ; N (*e*,2) ; O (*g*,5).

EN SAVOIR PLUS

- Les nœuds ne sont pas toujours des intersections de droites.
Exemples :

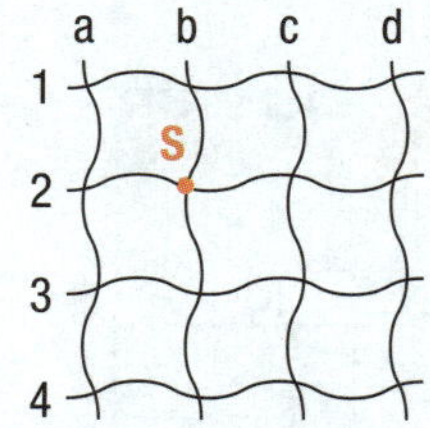

Le code de S est (b, 2).

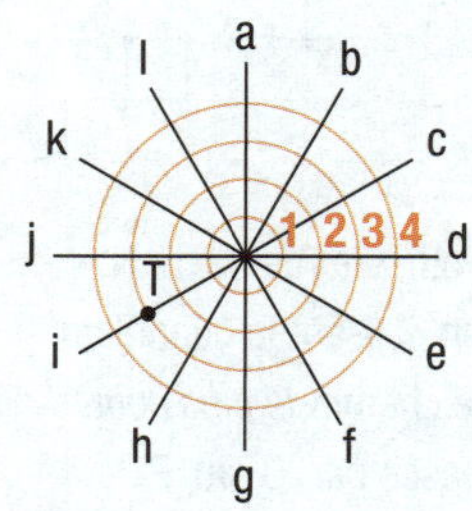

Le code de T est (i, 3).

VOIR AUSSI :
Déplacements sur quadrillages, 44

44

Géométrie

DÉPLACEMENTS SUR QUADRILLAGES

COMPRENDRE

Comment coder le déplacement de A à E ?

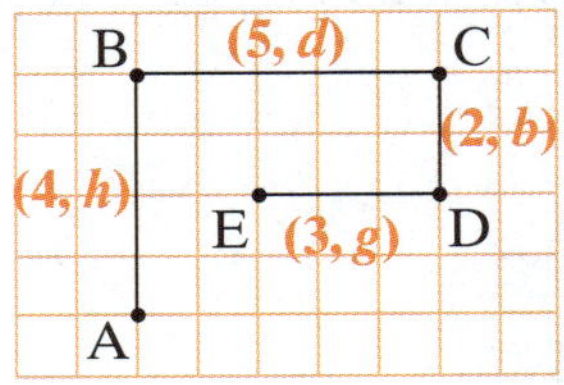

Pour décrire le déplacement de A à E, on utilise des codes constitués de **chiffres** et de **lettres**.

– Les *chiffres* servent à indiquer le nombre de cases (par exemple de A à B il y a 4 cases),

– les *lettres* indiquent la direction du déplacement (*d* : droite, *g* : gauche, *h* : haut, *b* : bas).

Le déplacement de A à E s'écrit donc :

(4, *h*)	(5, *d*)	(2, *b*)	(3, *g*)
de	de	de	de
A à B	B à C	C à D	D à E

OUVRIR L'ŒIL

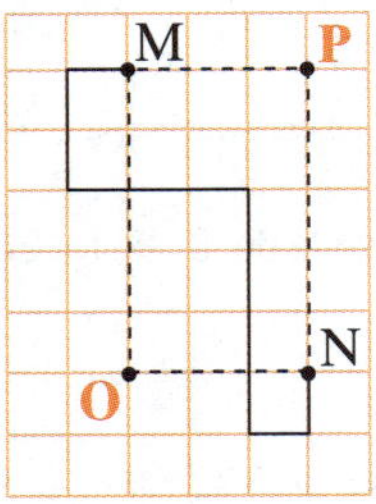

Pour aller de M à N en utilisant le quadrillage, le chemin *le plus court* passe par O ou P.
Ce chemin peut être codé de deux façons :
– avec des lettres et des chiffres (3, *d*) (5, *b*) ou (5, *b*) (3, *d*),
– avec des flèches et des chiffres 3 → 5 ↓ ou 5 ↓ 3 →.

APPRENDRE

Peut-on coder un déplacement différemment ?

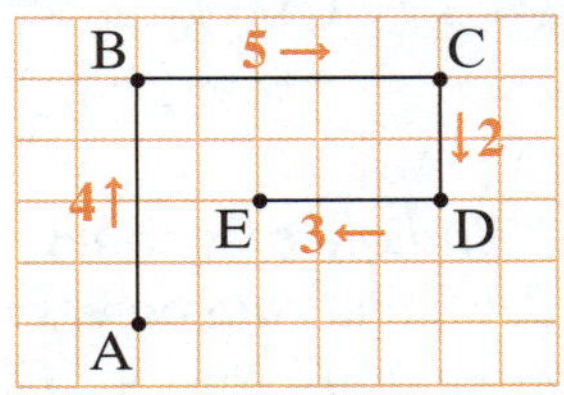

Il est possible de coder un déplacement à l'aide de **chiffres** et de **flèches**.

– Le *chiffre* indique le nombre de cases,

– la flèche indique la direction à suivre.

Le déplacement de A à E s'écrit alors :

4 ↑ ;	5 → ;	2 ↓ ;	3 ← ;
de	de	de	de
A à B	B à C	C à D	D à E

Pour aller de A *à* E *, il faut effectuer le déplacement suivant : 4 cases vers le haut, 5 cases vers la droite, 2 cases vers le bas, 3 cases vers la gauche.* ***On peut représenter ce déplacement ainsi : (4, h) (5, d) (2, b) (3, g).***

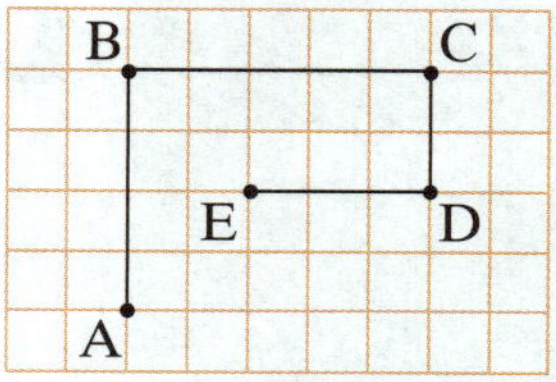

UTILISER SES CONNAISSANCES

● *Coder le déplacement de* C *à* D *en utilisant des chiffres et des lettres. Coder ensuite le chemin le plus court.*

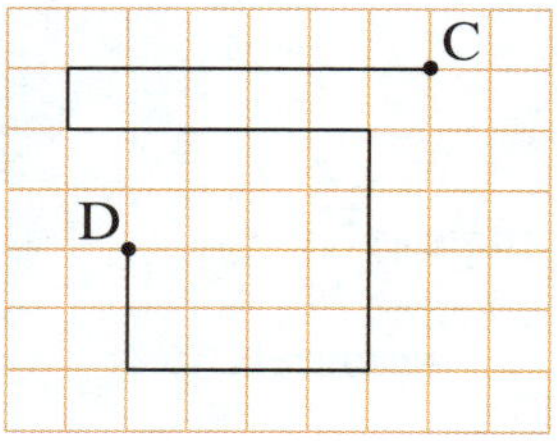

Déplacement :
(6, *g*) (1, *b*) (5, *d*)
(4, *b*) (4, *g*) (2, *h*)

Chemin le plus court :
(3, *b*) (5, *g*) ou (5, *g*) (3, *b*).

● *Coder maintenant le déplacement de* C *à* D *à l'aide de chiffres et de flèches.*

Le déplacement de C à D peut être codé ainsi :
6 ←; 1 ↓; 5 →; 4 ↓; 4 ←; 2 ↑.

● *Tracer les déplacements correspondant aux codes suivants :*
a) de G *à* H *:* (2, *b*) (6, *d*) (1, *h*) (3, *g*) (2, *b*).
b) de I *à* J *:* 6 ← ; 2 ↑; 4 → ; 1 ↓; 2 → ; 5 ↑.

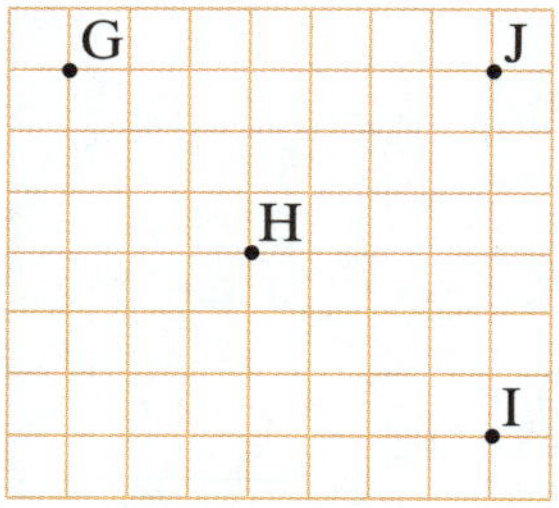

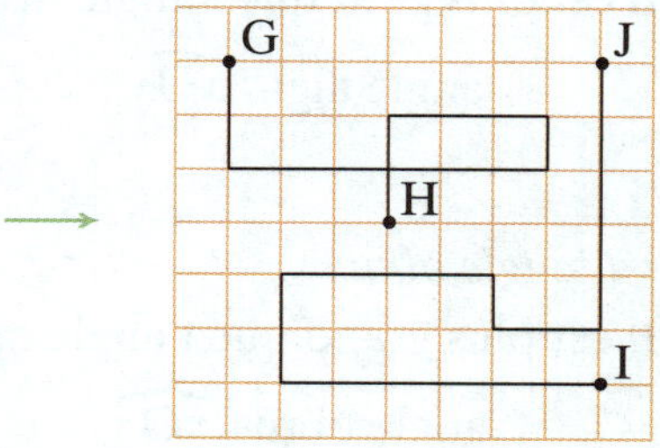

OUVRIR L'ŒIL

● Sur cette figure, il faut prendre garde aux *lignes obliques*. On ne peut pas coder ce type de déplacement avec les outils de cette page.

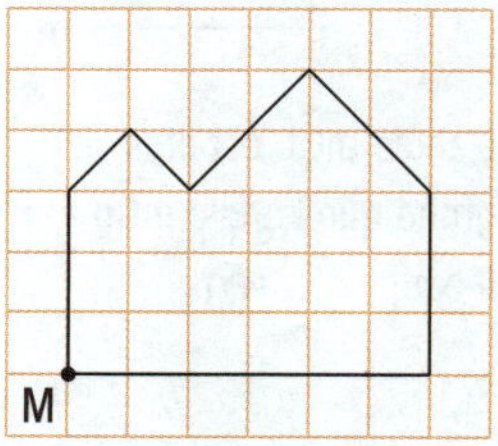

VOIR AUSSI :
Repérage de cases et de nœuds, 43

45 GÉOMÉTRIE

LES ANGLES

OUVRIR L'ŒIL

- Une **demi-droite** est limitée à une *seule extrémité*.

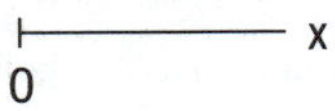

demi-droite [0x)

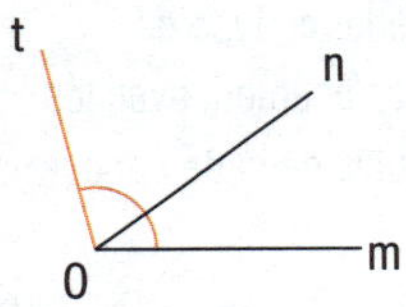

L'angle $\widehat{m0t}$ est plus grand que l'angle $\widehat{m0n}$. Il est plus *ouvert*.

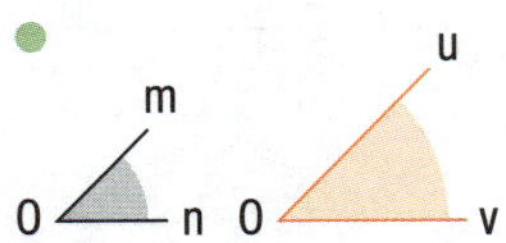

Les angles $\widehat{m0n}$ et $\widehat{u0v}$ sont **égaux** car on peut les **superposer**.

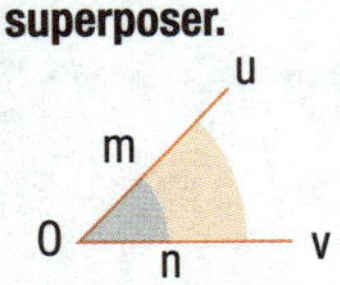

COMPRENDRE

CM ● Qu'est-ce qu'un angle ?

Un angle est formé de deux demi-droites ayant le même point d'origine. Les deux demi-droites [Ox) et [Oy) sont les côtés de l'angle $\widehat{xOy}$, et le point d'origine (O) est son **sommet**.

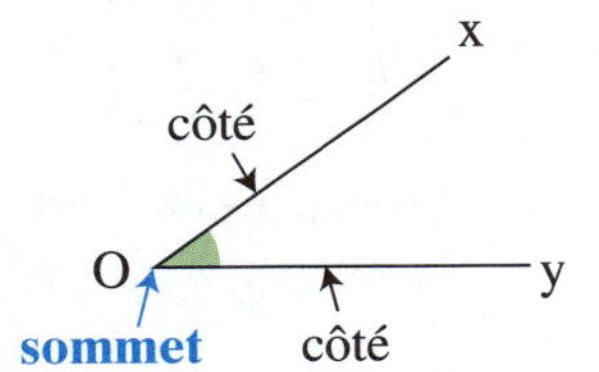

angle $\widehat{xOy}$
↑
sommet

APPRENDRE

CM ● Quelles sont les différentes sortes d'angles ?

■ *L'angle droit*

On le trace avec une équerre .

angle droit $\widehat{zOt}$. ⟶

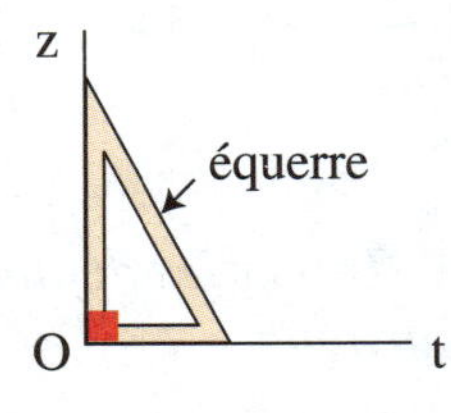

■ *L'angle aigu*

Il est plus petit que l'angle droit.

angle aigu $\widehat{uOv}$. ⟶

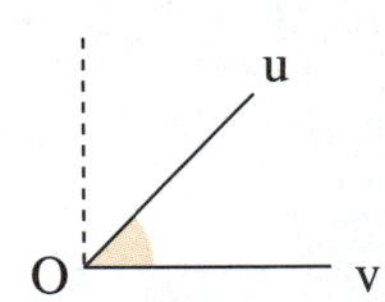

■ *L'angle obtus*

Il est plus grand que l'angle droit.

angle obtus $\widehat{rOs}$. ⟶

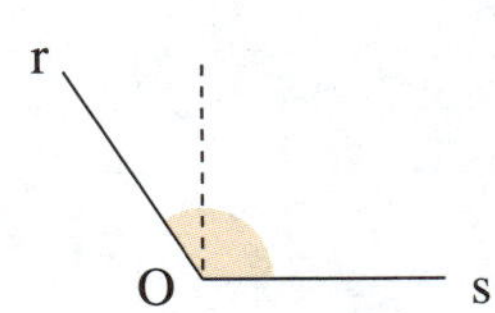

Ces figures sont des ***angles****.*

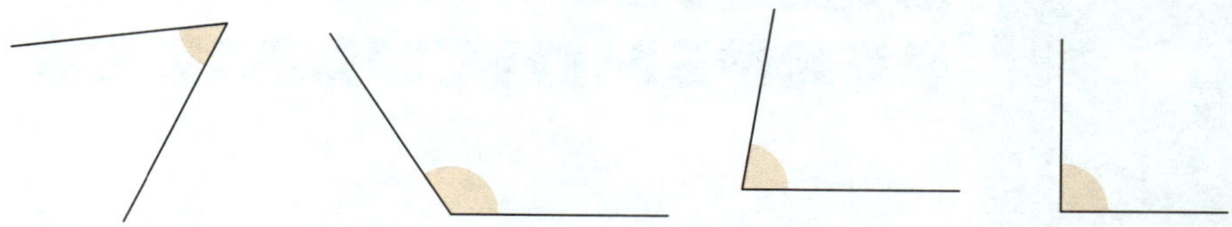

■ *L'angle plat*

Il est formé de deux demi-droites alignées et de même origine.

angle plat $\widehat{aOb}$. →

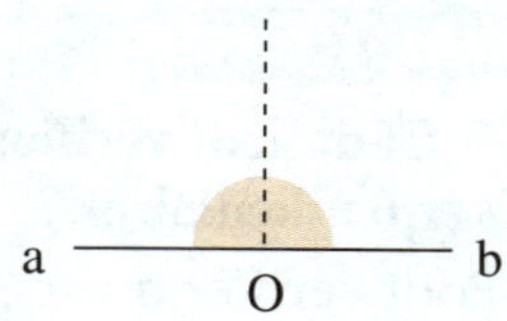

UTILISER SES CONNAISSANCES

● *Tracer un angle droit* $\widehat{xOy}$.

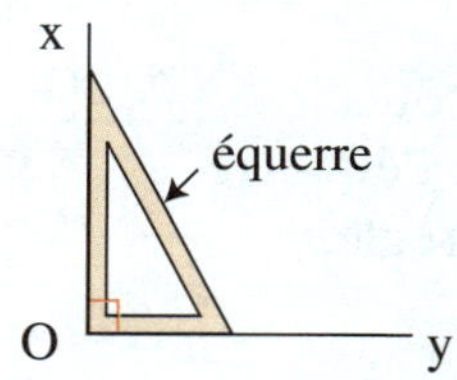

● *Indiquer la nature (aigu, droit, obtus, plat) de chacun des angles suivants :*

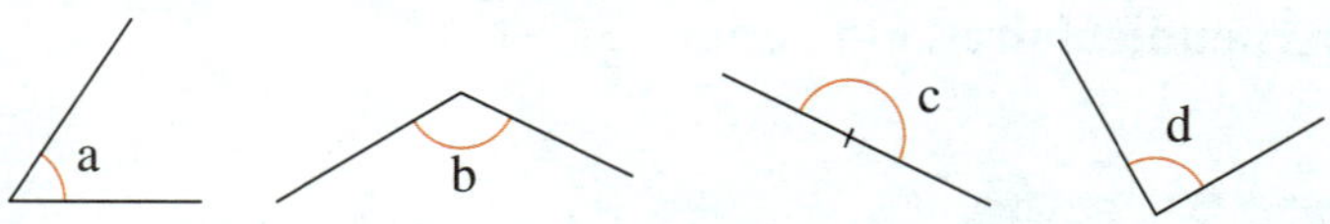

a : aigu ; b : obtus ; c : plat ; d : droit.

● *Quels sont les angles égaux ? Quel est l'angle le plus grand ? (On peut utiliser du papier calque.)*

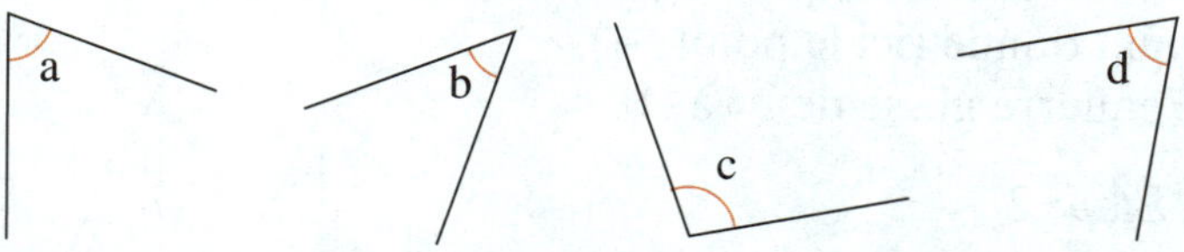

Les angles a et d sont égaux. Ils sont superposables.
L'angle le plus grand est l'angle c .

EN SAVOIR PLUS

● Un angle **saillant** est *plus petit* que l'angle plat.

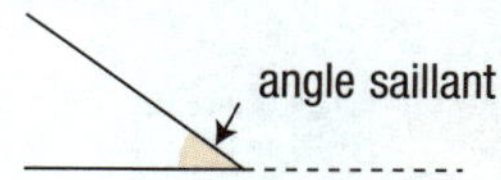

● Un angle **rentrant** est plus grand que l'angle plat.

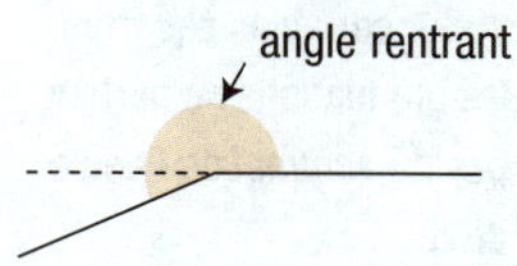

● La **bissectrice** est la demi-droite qui partage un angle en deux angles égaux.

$\widehat{xOz} = \widehat{zOy}$.

VOIR AUSSI :
Droites perpendiculaires, 46

46 GÉOMÉTRIE

DROITES PERPENDICULAIRES

COMPRENDRE

CM ● Comment vérifier que deux droites sont perpendiculaires ?

Pour vérifier que deux droites sont perpendiculaires, on utilise une **règle** et une **équerre**.

■ *Étape* 1
On pose la règle le long de la droite (a).

■ *Étape* 2
On pose l'un des côtés de l'angle droit de l'équerre (bord vert) sur la règle.

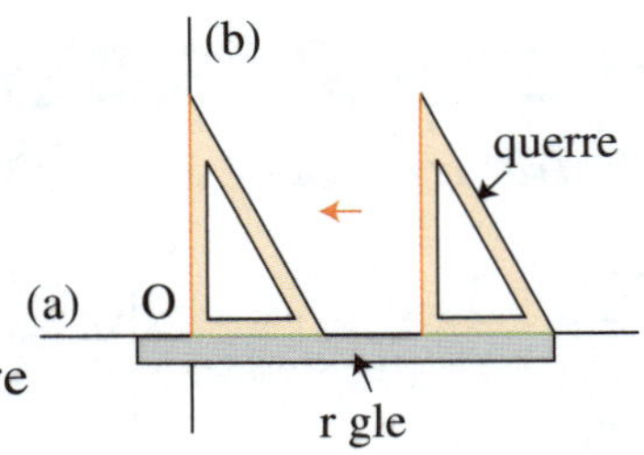

■ *Étape* 3
On fait glisser l'équerre jusqu'au point O.

L'autre côté de l'angle droit (bord orange) suit exactement la droite (b). Donc (a) et (b) sont **perpendiculaires**. On écrit : **(a) ⊥ (b)**.

OUVRIR L'ŒIL

● Le signe ⊥ signifie « *est perpendiculaire à* ».

● Sur certaines équerres, les graduations ne partent pas du *sommet* de l'angle droit.

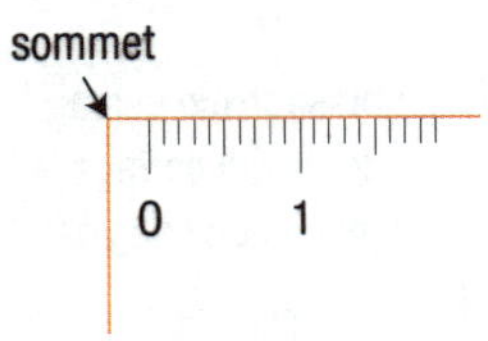

Cela n'est pas gênant pour tracer des perpendiculaires, mais si l'on souhaite mesurer avec ce type d'équerre, il faut veiller *à placer correctement* le zéro.

APPRENDRE

CM ● Comment tracer une droite perpendiculaire à une droite donnée et passant par un point donné ?

■ *Étape* 1
On fait glisser l'équerre, jusqu'au point donné (ici le point A). L'équerre glisse de ① à ②.

■ *Étape* 2
On trace une droite le long de l'autre côté de l'angle droit de l'équerre ③.

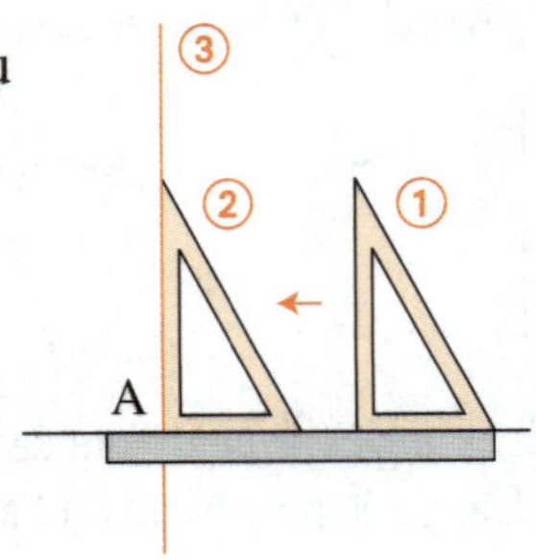

Les droites (a) , (b) , (c) , (d) , *et* (e) *sont toutes* ***perpendiculaires*** *à la droite* (u) . *Chacune d'elles forme* ***un angle droit*** *avec* (u) .

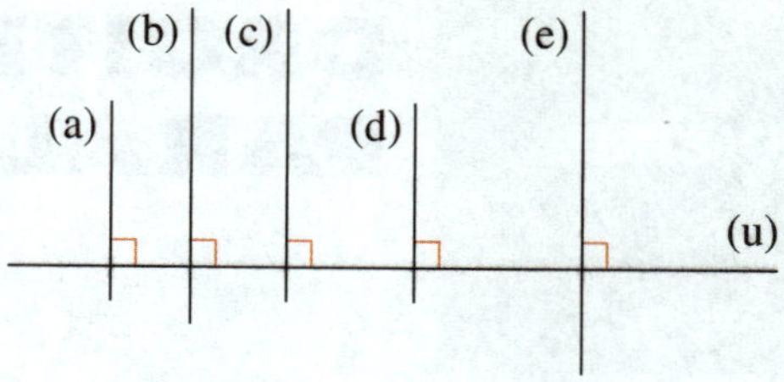

UTILISER SES CONNAISSANCES

- *Indiquer les couples de droites perpendiculaires.*

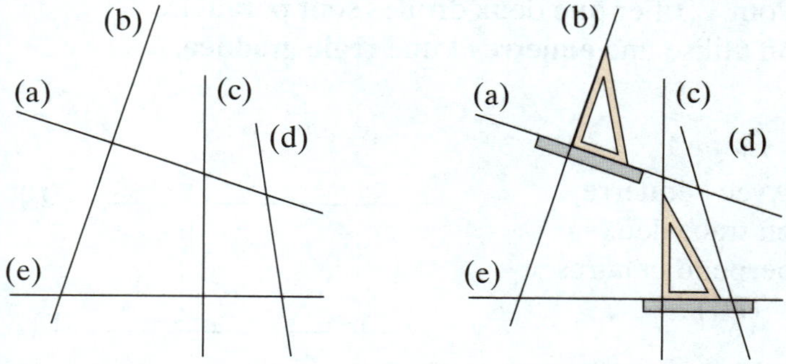

(a) ⊥ (b) ; (c) ⊥ (e) .

- *Tracer la droite* (uv) *perpendiculaire à la droite* (zt) *et passant par* A .

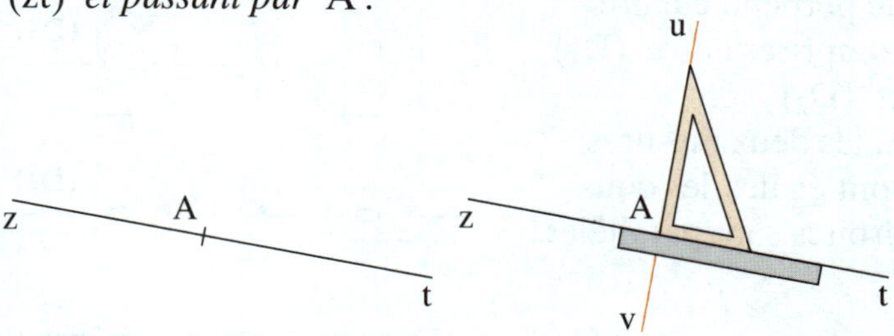

- *Tracer la demi-droite* [Fz) *perpendiculaire à* (xy) *et passant par le point* E .

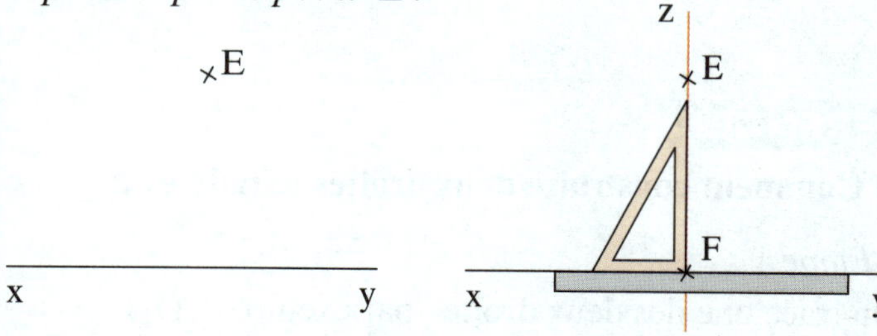

EN SAVOIR PLUS

- Deux droites perpendiculaires se coupent en formant **4 angles droits.**

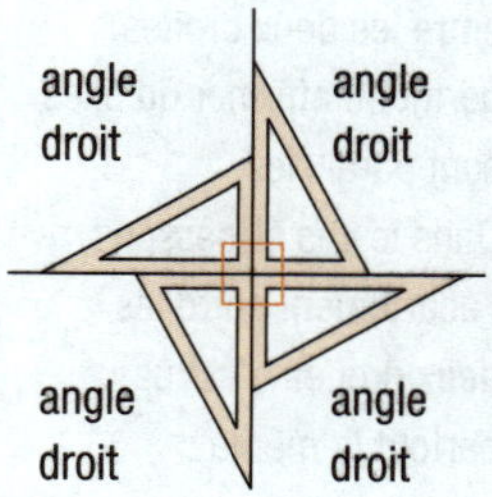

VOIR AUSSI :
Droites parallèles, 47

47

GÉOMÉTRIE

DROITES PARALLÈLES

COMPRENDRE

CM Comment vérifier que deux droites sont parallèles ?

Pour vérifier que deux droites sont parallèles, on utilise une **équerre** et une **règle graduée**.

■ *Étape* 1

Avec l'équerre, on trace deux perpendiculaires à (D_1) .

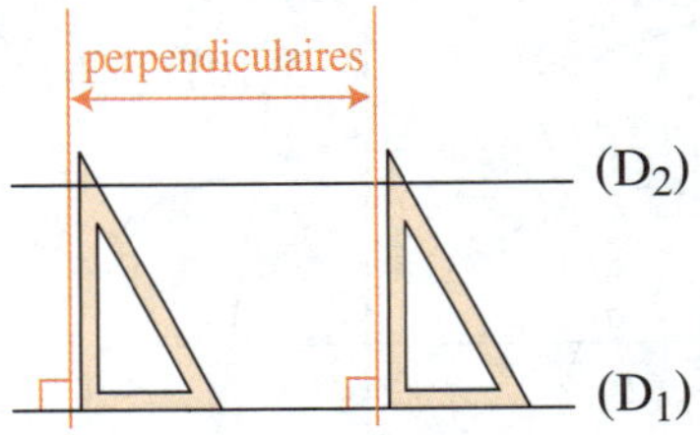

■ *Étape* 2

Avec la règle graduée, on mesure les portions de perpendiculaire comprises entre (D_1) et (D_2) .
Si les deux mesures sont égales, les deux droites sont parallèles.

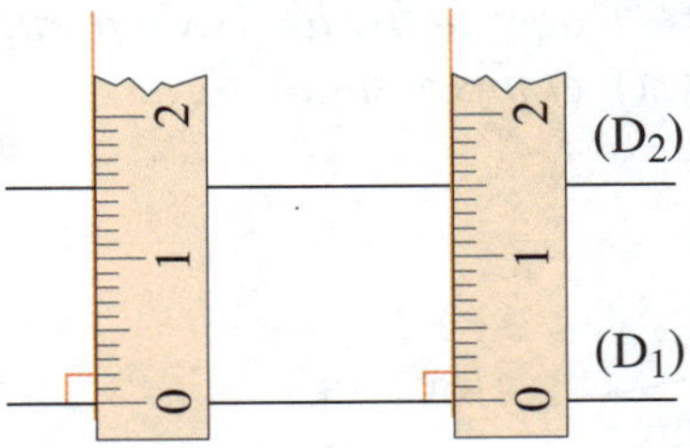

La distance entre (D_1) et (D_2) est **partout la même ;** elle est ici égale à 1,5 cm. (D_1) et (D_2) sont **parallèles.**
On écrit : **$(D_1) // (D_2)$** .

OUVRIR L'ŒIL

- Le signe // signifie « est parallèle à »

Attention ! Certaines droites semblent parallèles mais ne le sont pas.
Seule une vérification de la mesure de l'écartement entre les deux droites permet d'affirmer qu'elles sont parallèles.
Dans le cas ci-dessous, l'écartement entre les deux droites n'est pas partout le même :

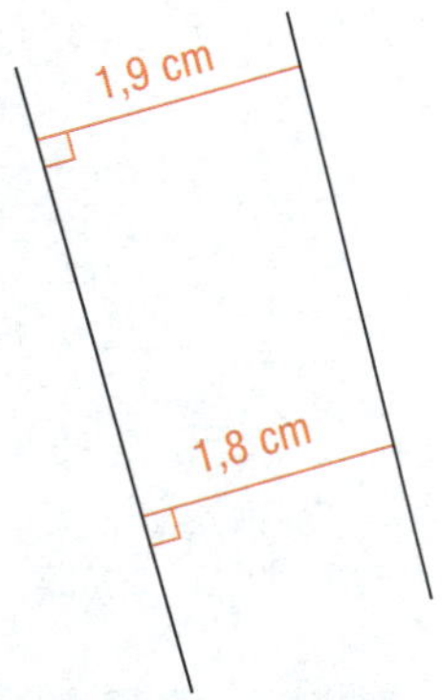

Ces droites ne sont pas parallèles.

APPRENDRE

CM Comment construire deux droites parallèles ?

■ *Étape* 1

On trace une des deux droites, par exemple (D_1) . ①

Les droites (D_1) *et* (D_2) *sont* ***parallèles.***
Leur écartement est constant,
si on les prolonge, elles ne se croiseront jamais.

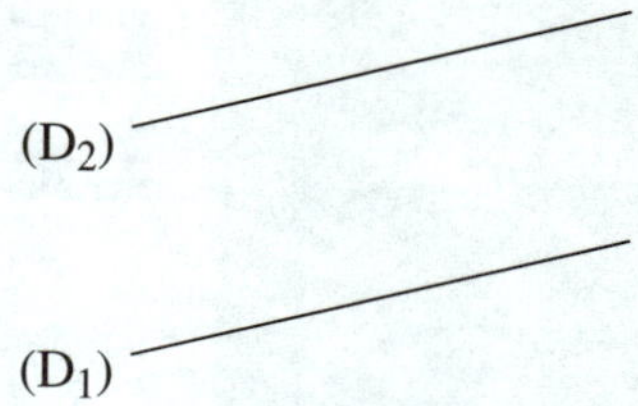

■ *Étape* 2
On élève deux perpendiculaires à cette droite. ②

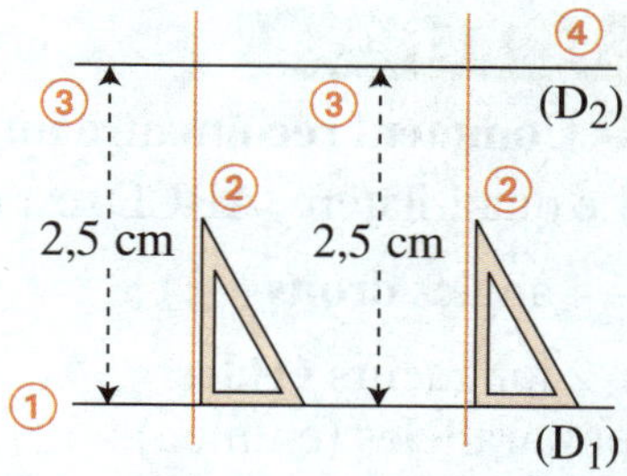

■ *Étape* 3
Sur chaque perpendiculaire, on mesure l'écartement souhaité entre (D_1) et (D_2). Ici, par exemple, on a choisi un écartement de 2,5 cm. ③

■ *Étape* 4
On trace la droite (D_2) parallèle à (D_1) et située à 2,5 cm de celle-ci. ④

UTILISER SES CONNAISSANCES

● *Indiquer les couples de droites parallèles* .

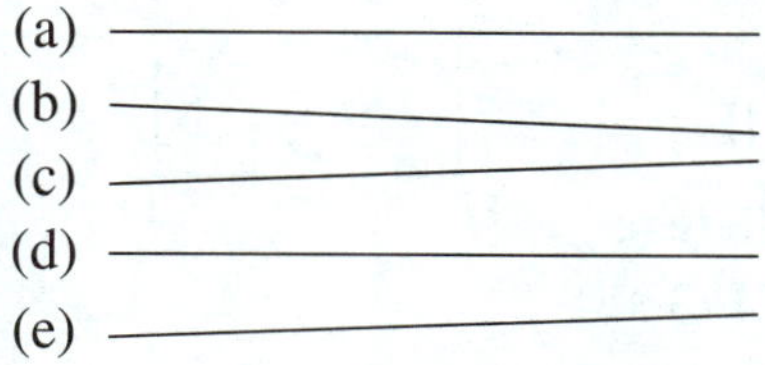

(a) // (d) ;
(b) // (e) .

● *Tracer une droite* (D_2) *parallèle à* (D_1) *et passant par* A .

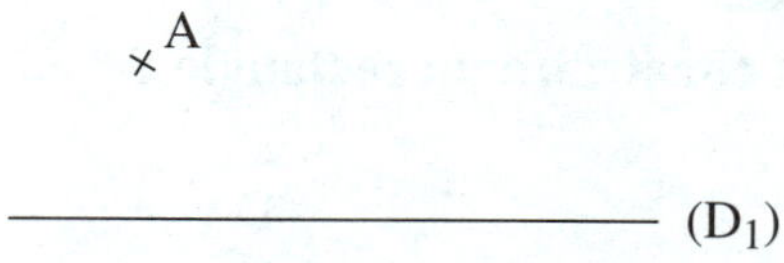

Les étapes sont numérotées de ① à ⑤ .

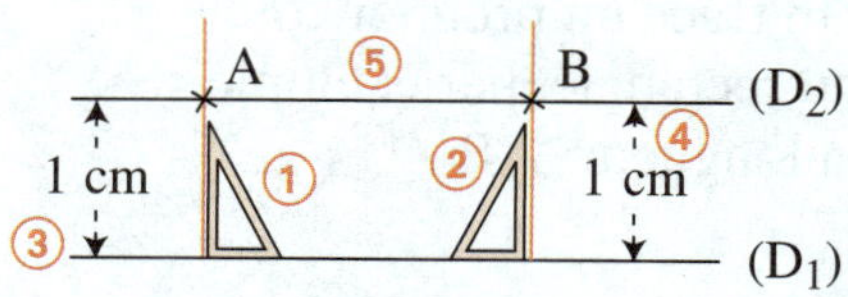

EN SAVOIR PLUS

● 2, 3, 4,… droites peuvent être parallèles :

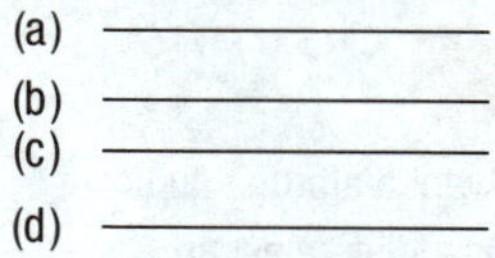

(a) , (b) , (c) et (d) sont parallèles.

● Si plusieurs droites sont parallèles, une droite perpendiculaire à l'une d'elles l'est **également** aux autres.

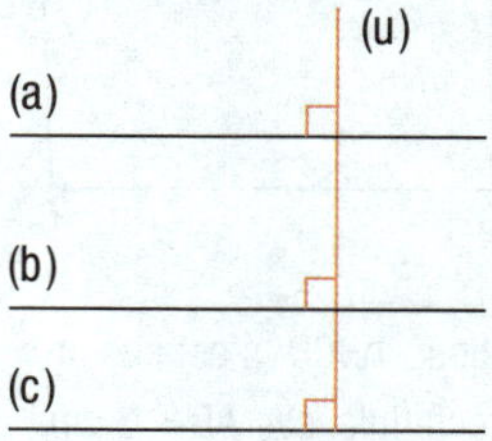

(u) est perpendiculaire à (a) ; elle est également perpendiculaire à (b) et à (c) .

VOIR AUSSI :
Droites perpendiculaires, 46

48 GÉOMÉTRIE

LE RECTANGLE LE CARRÉ

COMPRENDRE

CE2 **Comment reconnaître un rectangle ?**

Le quadrilatère ABCD est un rectangle car il possède :

– 4 angles **droits** (∟)

– 2 longueurs **égales** et **parallèles** (en bleu) :
AB = DC et AB // DC

– 2 largeurs **égales** et **parallèles** (en rouge) :
AD = BC et AD // BC .

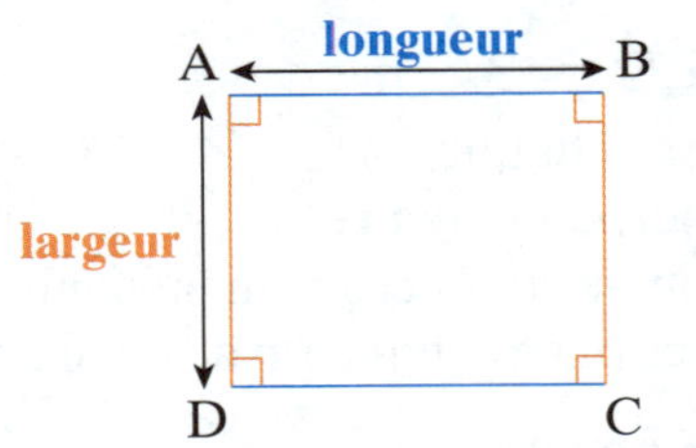

CE2 **Comment reconnaître un carré ?**

Le quadrilatère EFGH est un **carré** car il possède :

– 4 angles **droits** (∟) ;

– 4 côtés **égaux** :
EF = FG = GH = HE ;

– des côtés **opposés parallèles** :
EF // HG et EH // FG .

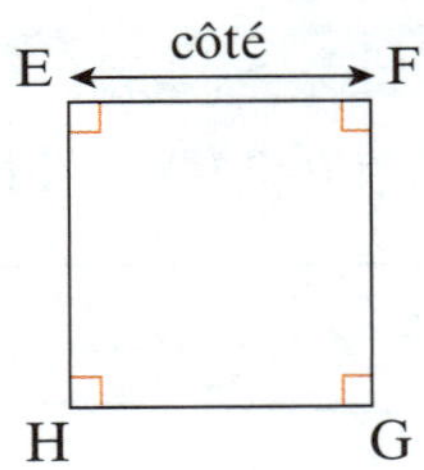

OUVRIR L'ŒIL

Avant d'affirmer qu'un quadrilatère est un rectangle ou un carré, il faut soigneusement **vérifier** les *mesures* de ses côtés et de ses angles.

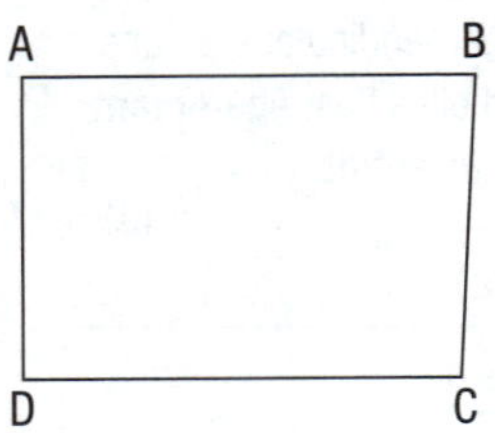

Ainsi, ABCD n'est pas un rectangle, car AB = 3 cm et DC = 2,9 cm .
AD n'est pas parallèle à BC .

APPRENDRE

CM **Comment construire un rectangle ?**

■ *Étape* 1

On trace un premier côté du rectangle, par exemple la longueur AB . ①

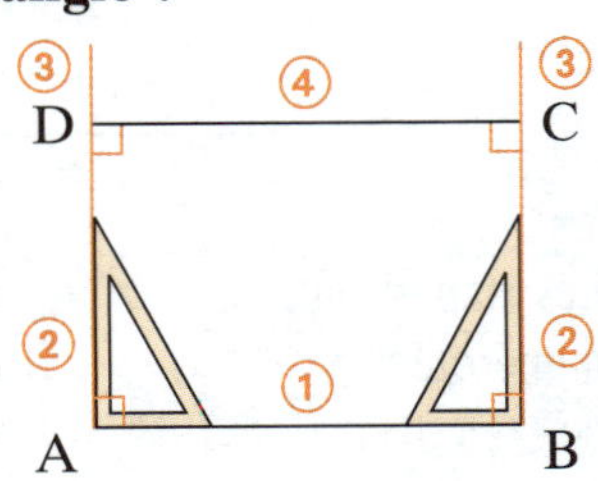

● *Le quadrilatère* ABCD *est un* ***rectangle****.*

● *Le quadrilatère* EFGH *est un* ***carré****.*

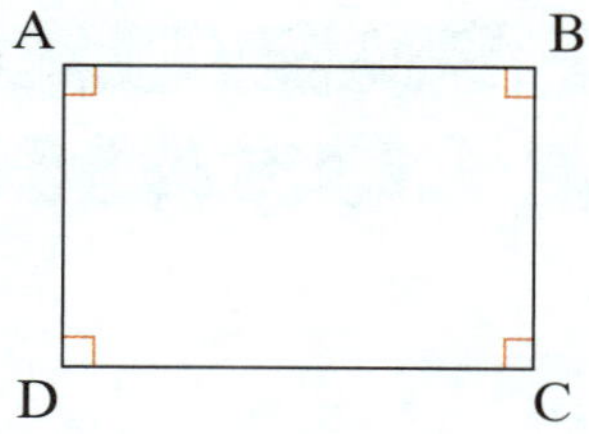

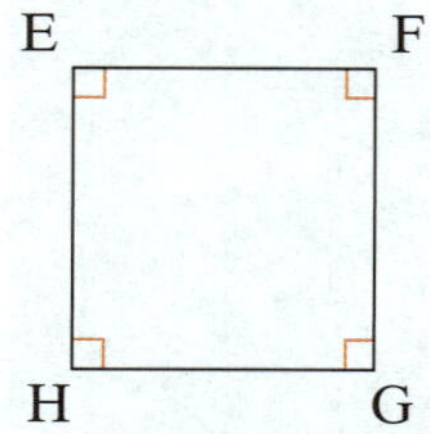

▪ *Étape* 2
À l'aide de l'équerre, on trace deux perpendiculaires à AB, passant par A et B. ②

▪ *Étape* 3
On mesure deux largeurs égales : AD = BC. ③

▪ *Étape* 4
On trace l'autre longueur, DC, égale à AB. ④

CM ● **Comment construire un carré ?**
On trace un côté, puis on procède comme pour le rectangle, de façon que tous les côtés soient égaux.

UTILISER SES CONNAISSANCES

CE2 ● *Indiquer les rectangles et les carrés visibles sur cette figure.*

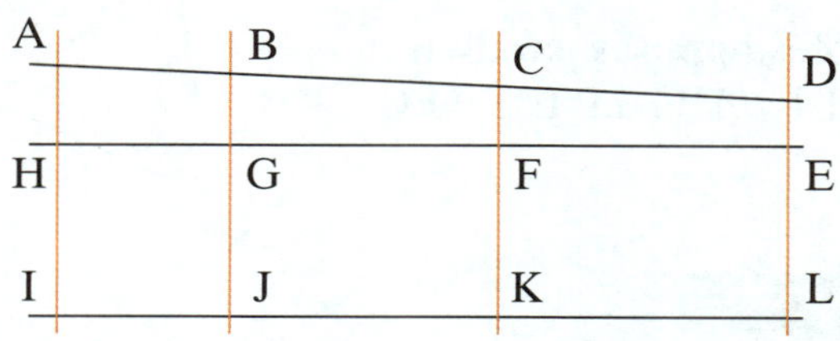

Rectangles : GFKJ ; FELK ; HFKI ; GELJ ; HELI ;
Carré : HGJI.

CM ● *Construire un carré de* 2 cm *et* 5 mm *de côté.*

On trace le premier côté. ①
À chaque extrémité, on trace une perpendiculaire à ce côté. ②
On mesure 2,5 cm sur ces perpendiculaires. ③
On trace le quatrième côté. ④

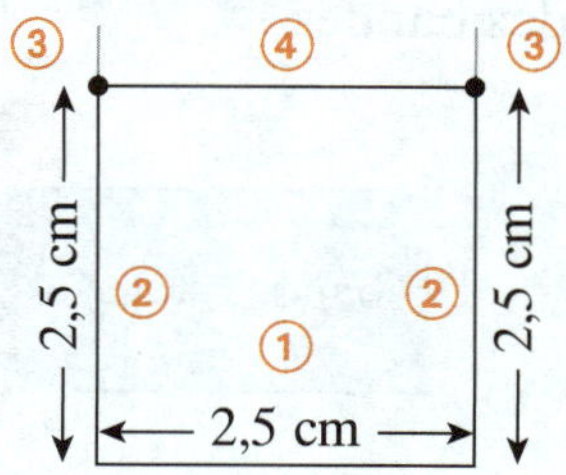

EN SAVOIR PLUS

● Les *diagonales* d'un rectangle sont **égales**. Elles se coupent en leur **milieu**.

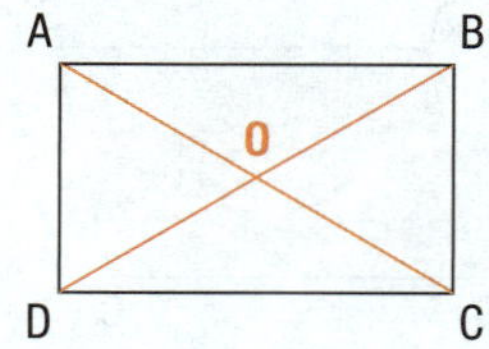

AC = BD
OA = OB = OC = OD

Les diagonales d'un carré sont **égales** et **perpendiculaires**. Elles se coupent en leur **milieu**.

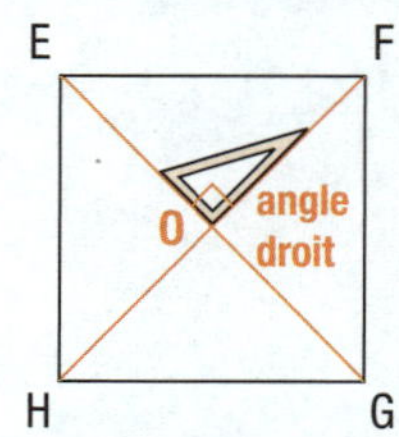

EG = FH
OE = OF = OG = OH.

VOIR AUSSI :
Droites perpendiculaires, 46
Droites parallèles, 47

49

GÉOMÉTRIE

LE PARALLÉLOGRAMME LE LOSANGE

COMPRENDRE

Comment reconnaît-on un parallélogramme ?

Le quadrilatère ABCD est un **parallélogramme** car il possède :

– 4 côtés **égaux 2 à 2** :

AB = DC

AD = BC

– des côtés **opposés parallèles** :

AB // DC et AD // BC .

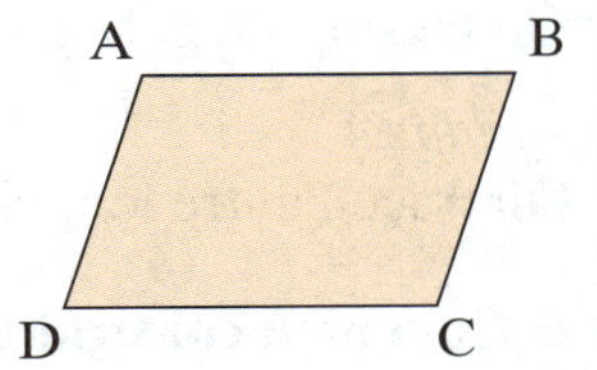

CE2 Comment reconnaît-on un losange ?

Le quadrilatère EFGH est un losange car il possède :

– 4 côtés **égaux** :

EF = FG = GH = HE

– des côtés **opposés parallèles** :

EF // HG et EH // FG .

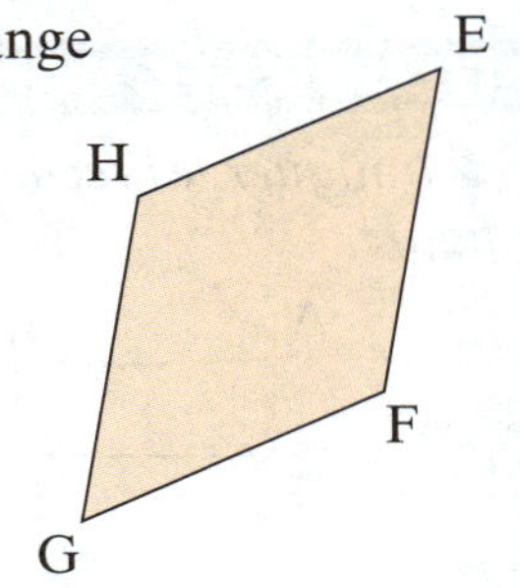

APPRENDRE

Comment construire un parallélogramme ?

Il suffit de croiser 2 bandes à bords parallèles et de **largeur inégale**, sans former d'angle droit.

Le parallélogramme correspond à l'intersection des bandes.

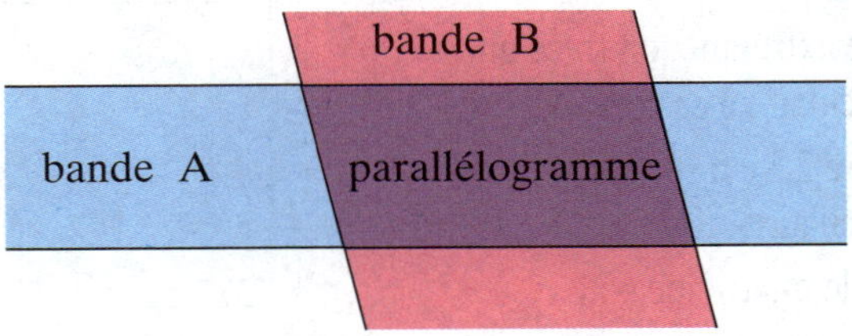

OUVRIR L'ŒIL

Il faut se méfier des apparences !

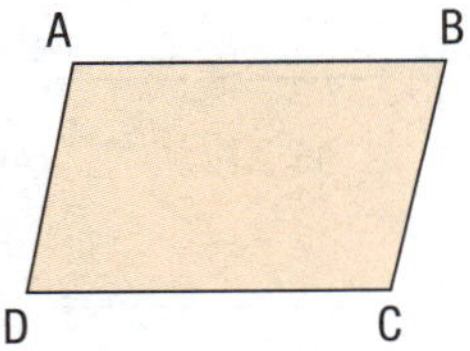

Cette figure n'est pas un parallélogramme.
AB et DC ne sont pas égaux ;
AD et BC ne sont ni égaux, ni parallèles.

L'intersection ABCD *des bandes rose et bleue est un* ***parallélogramme****.*
L'intersection EFGH *des bandes bleue et jaune est un* ***losange****.*

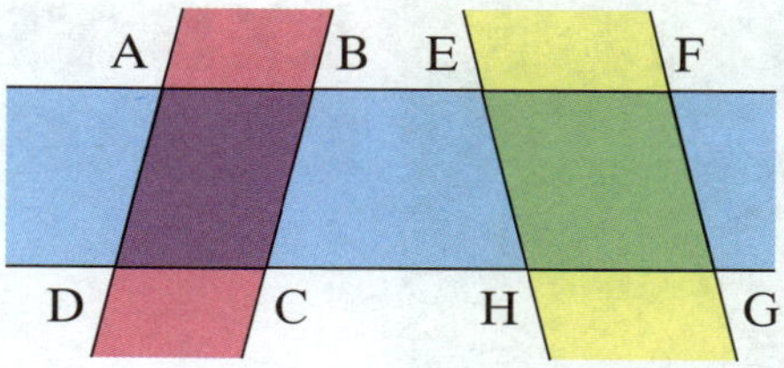

CE2 ● **Comment construire un losange ?**
On procède comme pour le parallélogramme, mais avec des bandes de **même largeur**.

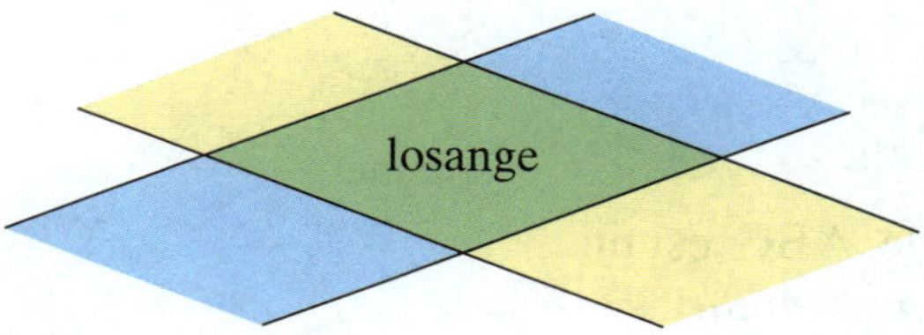

UTILISER SES CONNAISSANCES

● *Parmi les figures ci-dessous, quel est le parallélogramme ? Quel est le losange ?*

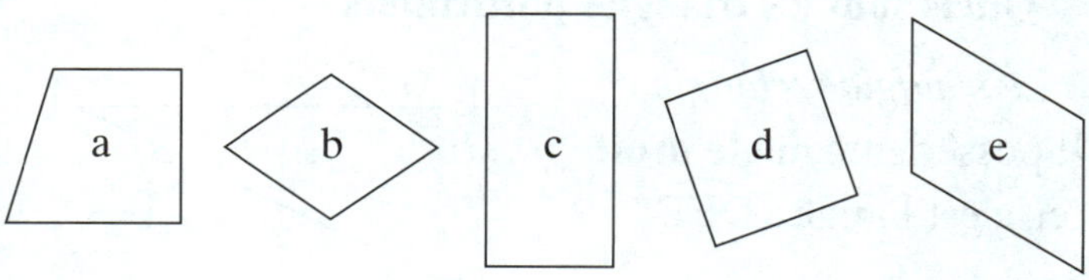

Parallélogramme : e.
Losanges : b.

● *Choisir parmi les points ceux qui permettent de construire un parallélogramme et un losange. Tracer ensuite les figures.*

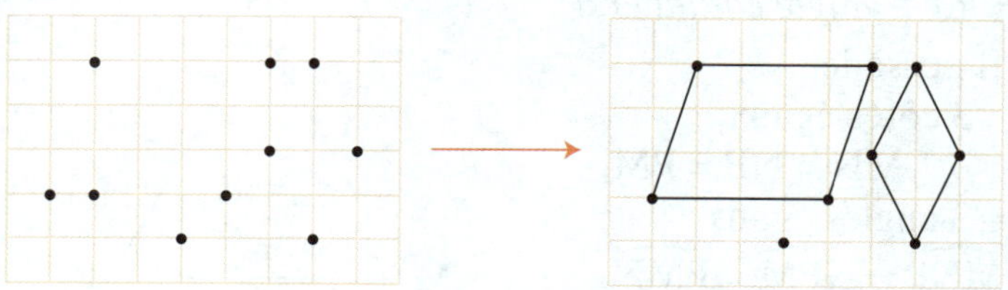

EN SAVOIR PLUS

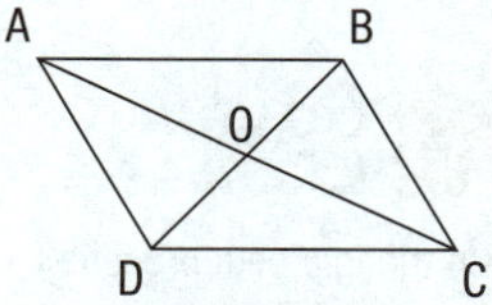

AC ≠ BD .
OA = OC .
OB = OD .

Les *diagonales* d'un *parallélogramme* ne sont pas égales. Elles se coupent en leur milieu.

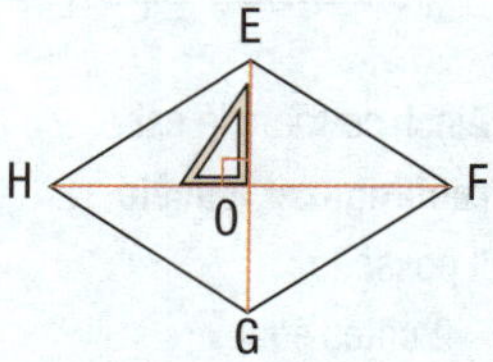

HF ≠ EG .
HF ⊥ EG .
OF = OH ; OE = OG .

Les *diagonales* d'un losange ne sont pas égales. Elles sont **perpendiculaires** et se coupent en leur **milieu**.

VOIR AUSSI :
Droites perpendiculaires, 46
Droites parallèles, 47
Le rectangle, le carré, 48

50

GÉOMÉTRIE

LES TRIANGLES

OUVRIR L'ŒIL

Un triangle peut présenter deux propriétés particulières.

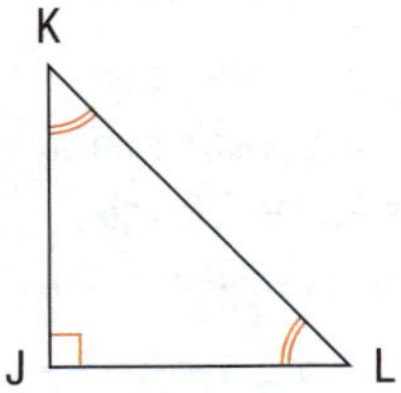

Ainsi, ce triangle est **rectangle et isocèle**.
Il possède :
– 2 côtés égaux,
JK = JL ,
– 1 angle droit, $\widehat{KJL}$,
– 2 angles égaux,
$\widehat{JKL} = \widehat{JLK}$.
C'est un triangle **rectangle isocèle**.

COMPRENDRE

CE2 ● Qu'est-ce qu'un triangle ?

Un **triangle** est une figure plane qui possède :
– **3** côtés,
– **3** angles,
– **3** sommets.

Le triangle ABC est un triangle *quelconque* :
il n'a pas de côtés égaux,
et il n'a pas d'angle droit.

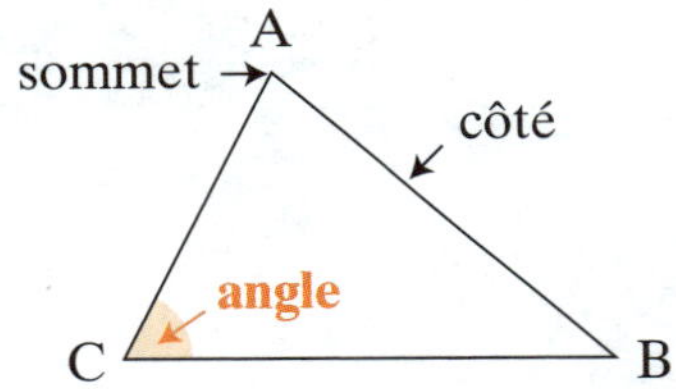

APPRENDRE

CE2 ● Quels sont les triangles particuliers ?

■ *Le triangle rectangle*

Il possède un **angle droit**.
Ici, c'est l'angle $\widehat{DEF}$.

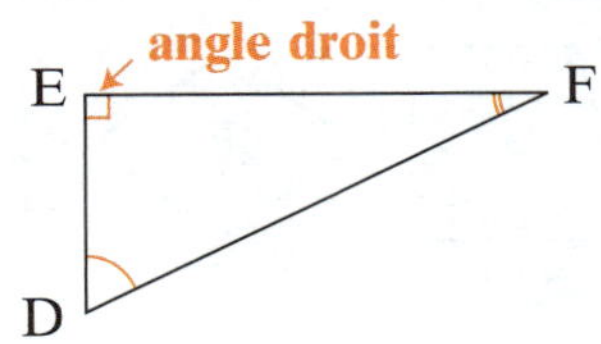

CM ■ *Le triangle isocèle*

Il possède :
– **2** côtés égaux,
HG = HI ,
– **2** angles égaux,
$\widehat{HGI} = \widehat{HIG}$.

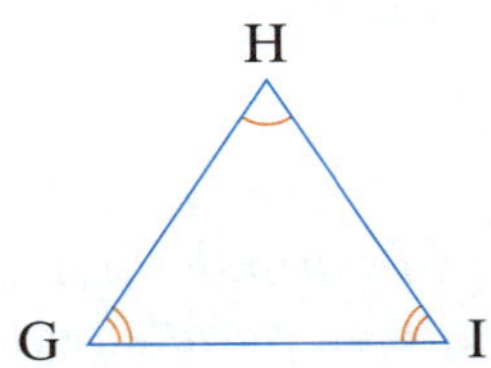

CM ■ *Le triangle équilatéral*

Il possède :
– **3** côtés égaux,
MN = NP = PM,
– **3** angles égaux,
$\widehat{MNP} = \widehat{NPM} = \widehat{PMN}$.

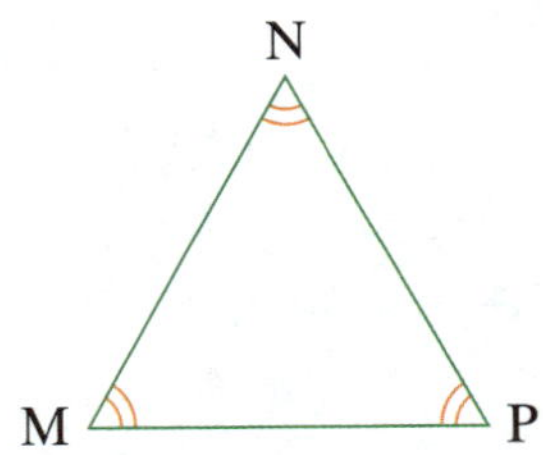

Toutes ces figures possèdent ***3 côtés*** *: ce sont des* ***triangles****.*

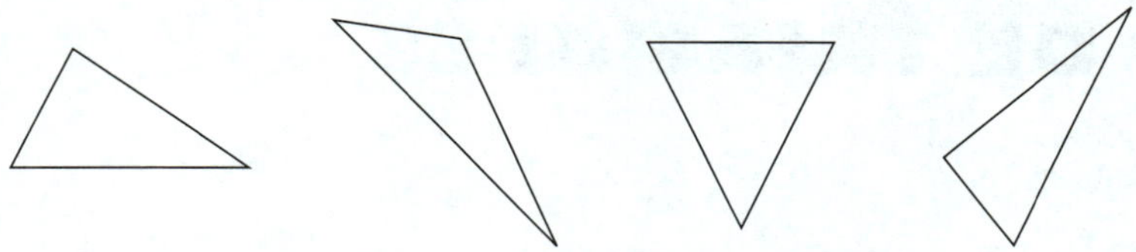

UTILISER SES CONNAISSANCES

CE2 ● *Combien de triangles compte-t-on sur cette figure ? Préciser leur nom.*

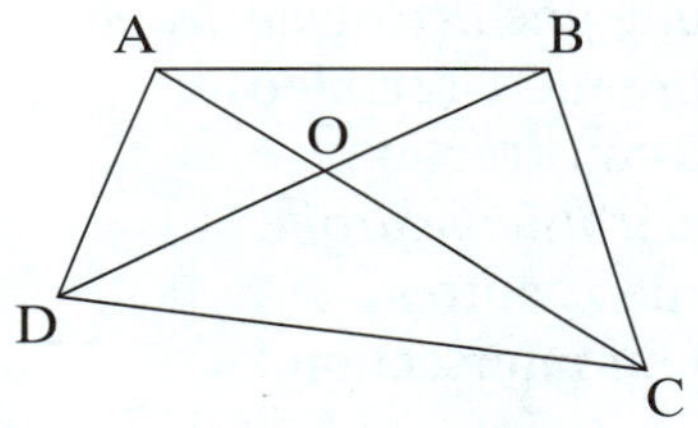

On compte 8 triangles :
AOB ; BOC ; COD ; DOA ; ABC ; BCD ; CDA ; DAB.

CE2 CM ● *Indiquer la nature de chaque triangle.*

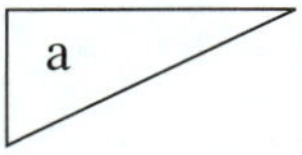

a : triangle rectangle.

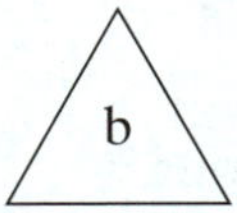

b : triangle équilatéral.

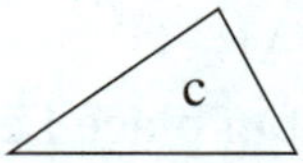

c : triangle quelconque.

CM ● *Choisir parmi ces points ceux qui permettent de construire un triangle isocèle. Tracer ensuite la figure.*

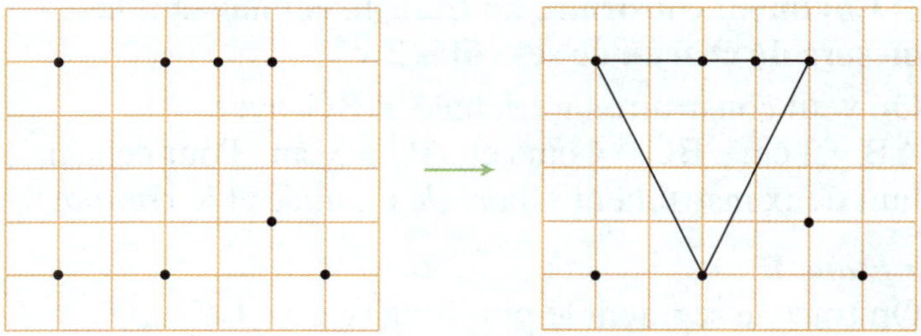

EN SAVOIR PLUS

● Dans un triangle, il y a 3 **hauteurs**.

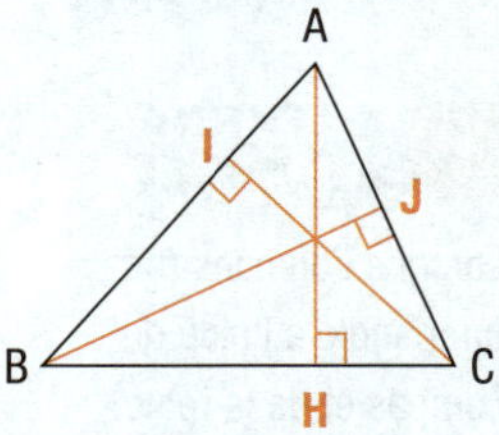

Chaque hauteur est le segment de droite perpendiculaire à un côté et passant par le sommet opposé à ce côté.

hauteur AH ⊥ BC

hauteur CI ⊥ AB

hauteur BJ ⊥ AC .

VOIR AUSSI :
Les angles, 45
Construction de triangles, 51
Les polygones, 75
Mesure et construction d'un angle, 78

51

GÉOMÉTRIE

CONSTRUCTION DE TRIANGLES

COMPRENDRE

CE2 **● Comment construire un triangle quelconque ?**

On trace une *première droite* (en noir).
On trace ensuite une *deuxième droite*, qui coupe la première (en **bleu**).
On termine la construction en traçant une *troisième droite* qui coupe les deux autres ailleurs qu'à leur intersection (en **rouge**).

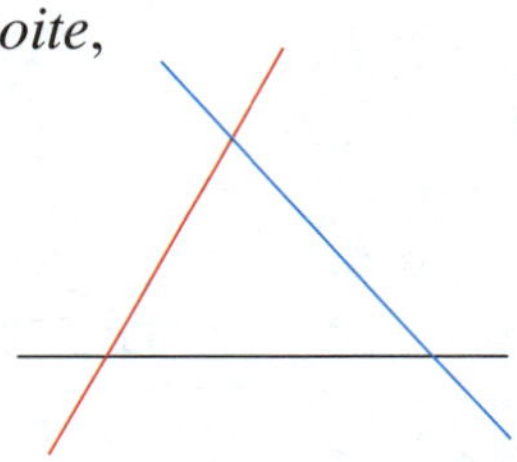

CE2 **● Comment construire un triangle rectangle ?**

Il faut utiliser une *équerre*, en plus de la règle.

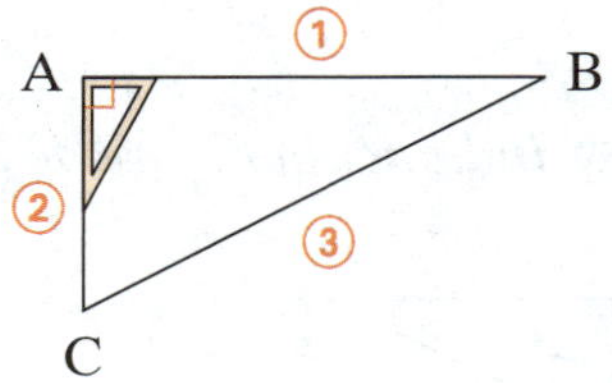

■ On trace le premier côté du triangle, par exemple AB. ①
On place l'équerre le long de ce côté et on trace la perpendiculaire à AB passant par A, si l'angle droit est en A. ②
On place le point C sur cette perpendiculaire, et on joint les points B et C. ③

OUVRIR L'ŒIL

Lorsque l'on construit un triangle à l'aide du compas et de la règle graduée, il faut prendre garde à piquer la pointe du compas au bon endroit ! Il faut bien étudier la construction du triangle (rubrique Apprendre).

APPRENDRE

CM **● Comment construire un triangle connaissant la mesure de chacun de ses côtés ?**

On veut construire un triangle ABC avec AB = 2 cm, BC = 4 cm, et AC = 3 cm. Pour cela, il faut deux instruments : la *règle graduée* et le *compas*.

■ *Étape* 1
On trace le segment le plus long : c'est [BC]. ①

*Le triangle ABC a été construit avec deux instruments : la **règle graduée** pour la mesure des côtés, et le **compas** pour le repérage des points.*

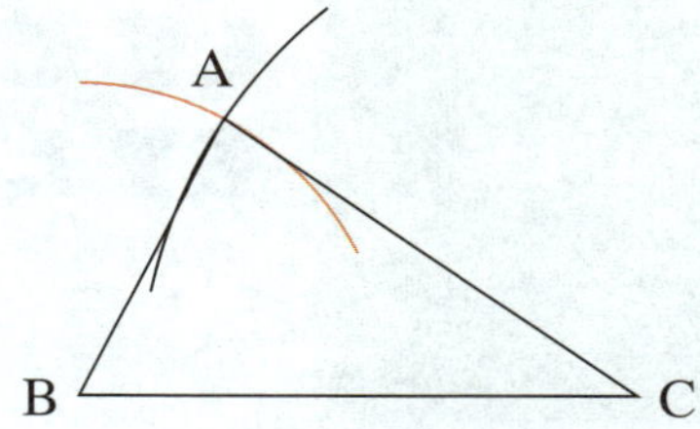

■ *Étape* 2

On règle l'ouverture du compas sur la longueur de AB, ici c'est 2 cm. On pique la pointe du compas en **B** et on trace un arc de cercle (en **bleu**) ②. Cet arc de cercle est situé à 2 cm du point B, et le point A se trouve quelque part sur cet arc.

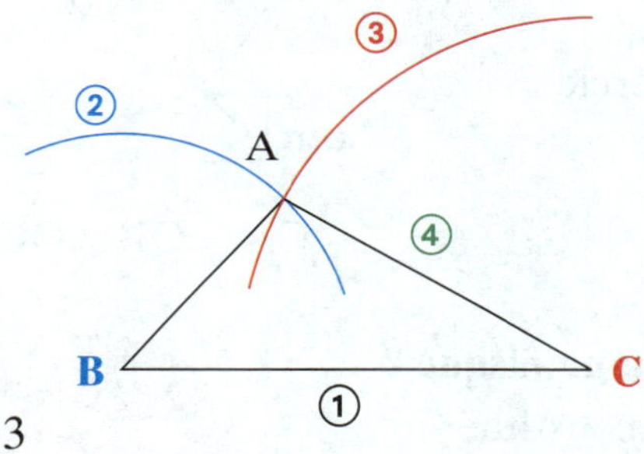

■ *Étape* 3

On règle maintenant l'ouverture du compas sur la longueur de AC, ici c'est 3 cm. On pique la pointe du compas en **C** et on trace un deuxième arc de cercle (en **rouge**) ③. Cet arc de cercle est situé à 3 cm du point C et le point A se trouve quelque part sur cet arc.

■ *Étape* 4

Le *croisement* des deux arcs de cercles donne le point A, situé à 2 cm de B et à 3 cm de C, ce qui permet de tracer le triangle ABC ④.

EN SAVOIR PLUS

Pour construire un triangle **isocèle** ou un triangle **équilatéral**, on procède comme pour le triangle quelconque.

UTILISER SES CONNAISSANCES

CM ● *À l'aide d'un compas et d'une règle graduée, construire un triangle quelconque dont les côtés mesurent :*

DE = 3,2 cm , DF = 2,8 cm , EF = 2 cm .

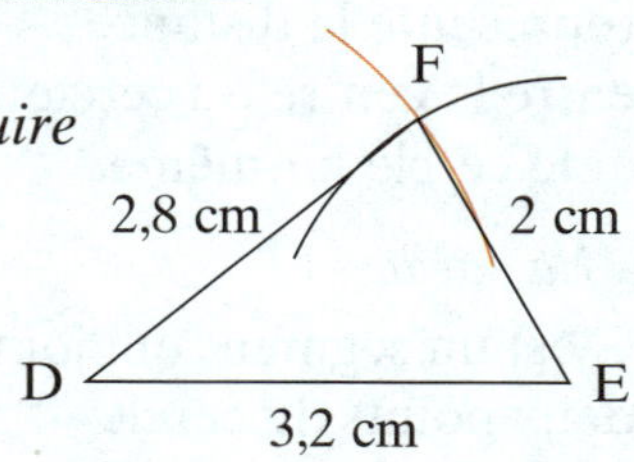

VOIR AUSSI :
Les angles, 45
Les triangles, 50

52
GÉOMÉTRIE

LE CERCLE ET LE DISQUE

COMPRENDRE

CM ● **Qu'est-ce qu'un cercle ?**

C'est une ligne courbe fermée dont tous les points sont à **égale distance** d'un point appelé **centre** (ici O).
On trace un cercle à l'aide d'un *compas*.

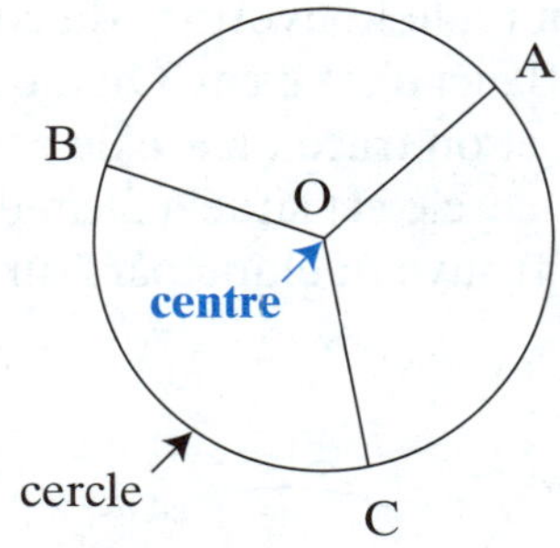

OA = OB = OC

● **Qu'est-ce qu'un disque ?**

Un disque est constitué de la surface limitée par le cercle (en rose) et du cercle lui-même.

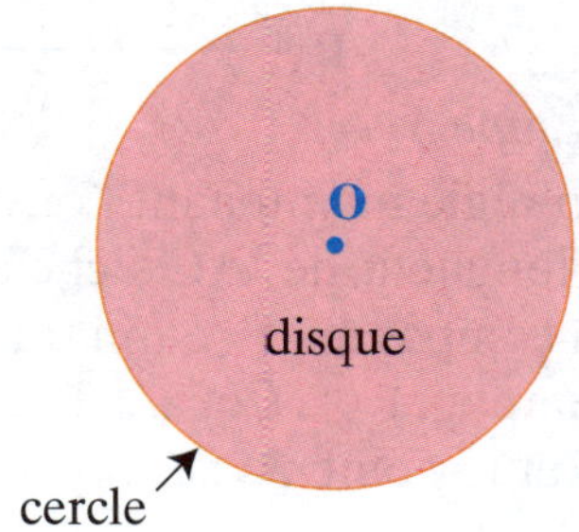

OUVRIR L'ŒIL

● Il est préférable de marquer le centre du cercle avant de le tracer, afin de pouvoir le retrouver en cas de « dérapage » du compas.

● Il faut prendre garde à ne pas modifier l'écartement des branches du compas lorsque l'on trace un cercle.

APPRENDRE

CM ● **Le vocabulaire du cercle**

■ *Le rayon*

C'est le segment qui représente la distance entre le centre du cercle et le cercle lui-même.

■ *La corde*

C'est un segment qui joint deux points du cercle.

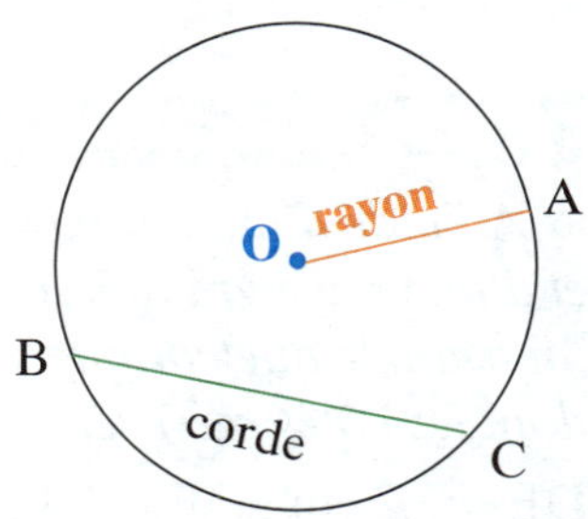

*La ligne 𝒞 est un **cercle** de centre* O *.*
*La surface en rose est un **disque** de centre* O *.*

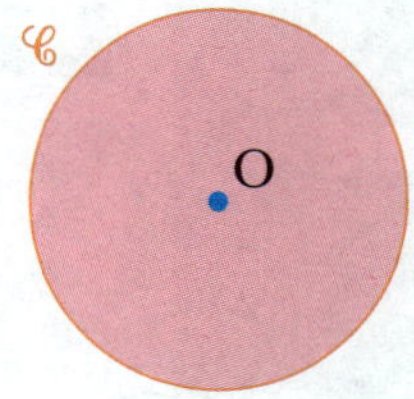

■ *Le diamètre*

C'est une corde qui passe par le centre du cercle. La longueur du diamètre est le **double** de celle du rayon.

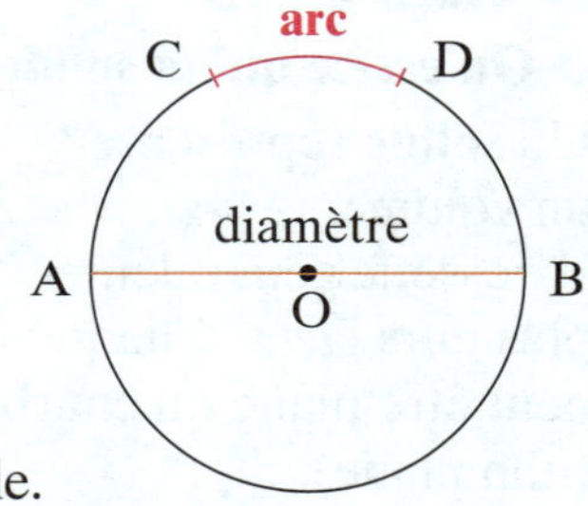

■ *L'arc de cercle*

C'est une partie du cercle limitée par deux points du cercle.

UTILISER SES CONNAISSANCES

● *Quel est le diamètre d'un cercle de* 6 cm *de rayon ?*

Diamètre = $6 \times 2 = 12$ (cm).

● *Observer la figure, puis nommer : le centre du cercle, un rayon, un diamètre, la corde la plus courte, l'arc le plus court.*

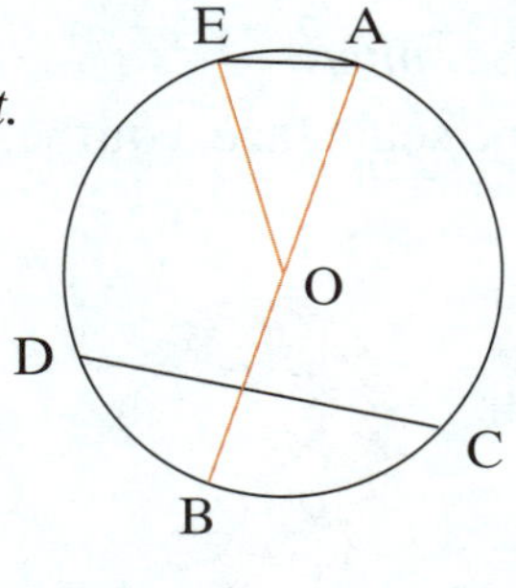

Centre du cercle : O .
Rayon : OA ou OB ou OE .
Diamètre : AB .
Corde la plus courte : AE .
Arc le plus court : AE .

● *Compléter les phrases de manière à préciser la place de chaque point.*
R est sur… . S est sur … . T est sur… . U est sur … .

R est sur le cercle 𝒜 et sur le disque 𝒜.
S est sur le disque ℬ .
T est sur les 2 cercles et donc sur les 2 disques.
U est sur les 2 disques.

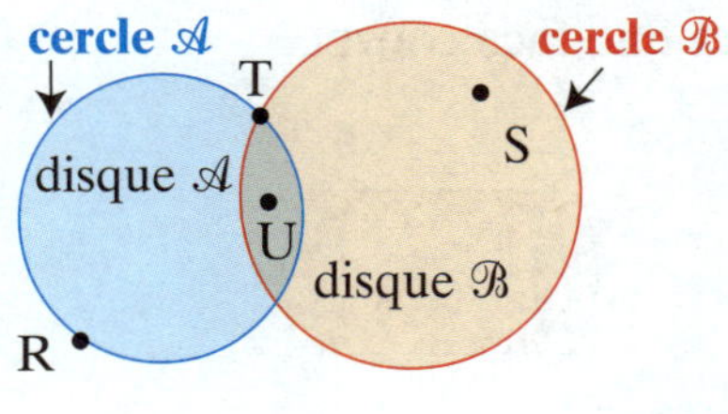

VOIR AUSSI :
Périmètre du cercle, 68

53 GÉOMÉTRIE

LES SOLIDES

COMPRENDRE

CE2 ● **Qu'est-ce qu'un solide ?**

Un **solide** représente un volume.
Il possède généralement plusieurs faces. Chaque face peut être plane ou courbe (non plane).

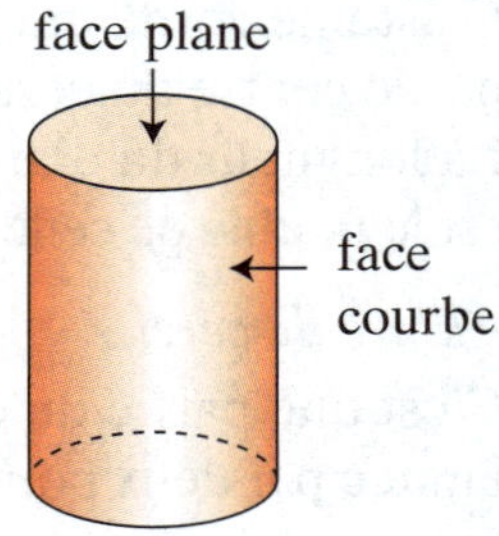

APPRENDRE

CE2 ● **Comment classe-t-on les solides ?**

Les solides sont classés d'après le **nombre** et la **forme** de leurs faces.

■ *La sphère*

Une seule face, courbe.

■ *Le cône*

Une face plane et une face courbe.

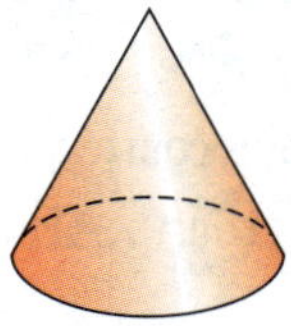

■ *Le cylindre*

Deux faces planes et une face courbe.

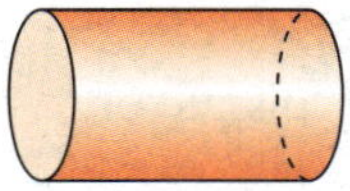

■ *Le pavé droit ou parallélépipède rectangle*

Six faces planes.

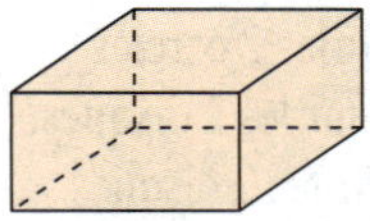

Voici différents ***solides****.* ***Chaque solide occupe un volume dans l'espace.***

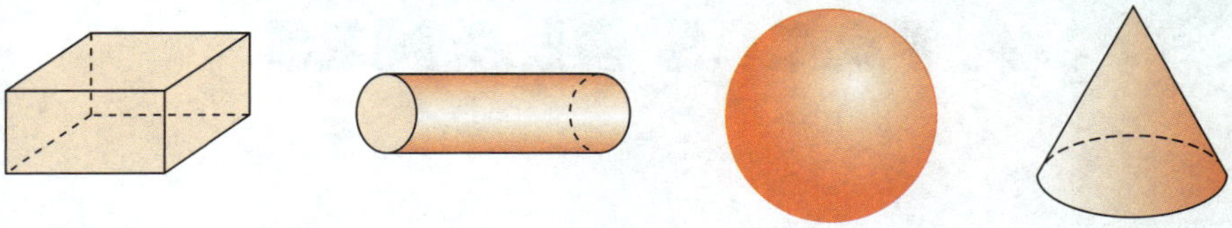

UTILISER SES CONNAISSANCES

● *Indiquer le nombre de faces planes et de faces courbes de chaque solide.*

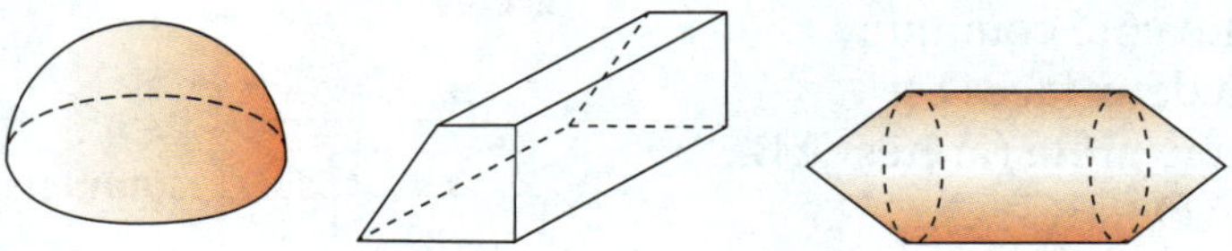

a b c

	a	b	c
face(s) plane(s)	1	6	0
face(s) courbe(s)	1	0	3

● *Relier chaque solide à l'empreinte qu'il laisse dans le sol.*

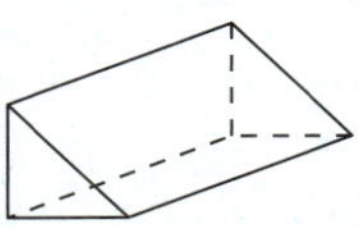
a ● ● 1

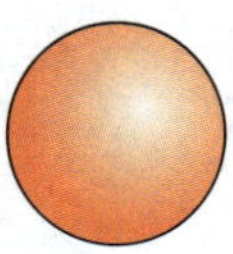
b ● ● 2

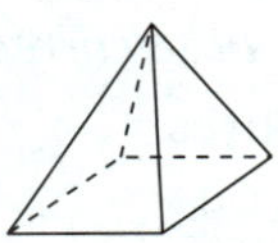
c ● ● 3
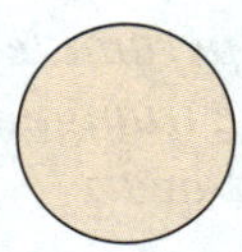

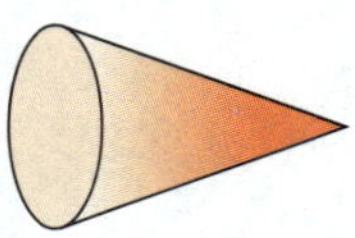
d ● ● 4

Il faut relier : a et 2 , a et 4 , c et 1 , d et 3 .
L'empreinte de b serait un point.

EN SAVOIR PLUS

Les solides possédant uniquement des faces planes sont des **polyèdres**.
Par exemple, le cube est un polyèdre.

VOIR AUSSI :
Les solides à faces planes, 54

54 Géométrie

LES SOLIDES À FACES PLANES

COMPRENDRE

CE2 ● **Quelles sont les propriétés communes des solides à faces planes ?**

Le côté commun à deux faces est une **arête** (arêtes AB , AD , BC ...).

Le point de rencontre de 3 arêtes est un **sommet** (sommets C , D ...).

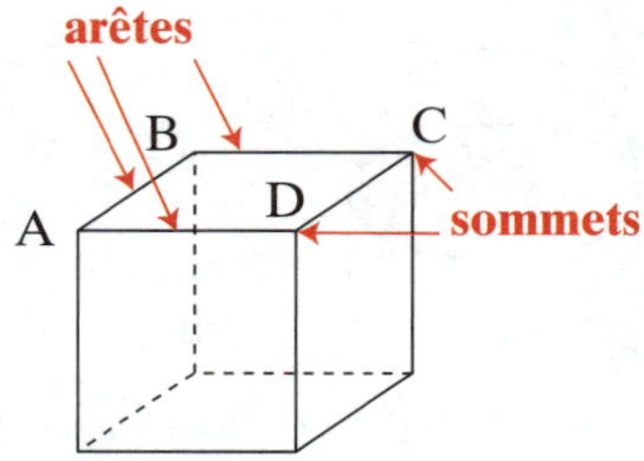

OUVRIR L'ŒIL

Une borne routière comme celle-ci, est formée d'un **pavé droit** (en blanc) et de la moitié d'un **cylindre** (en rouge).

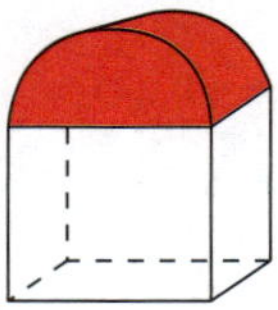

APPRENDRE

CE2 ● **Quels sont les principaux solides à faces planes ?**

■ *Le pavé droit*

6 faces rectangulaires, ou 2 faces carrées et 4 rectangulaires.

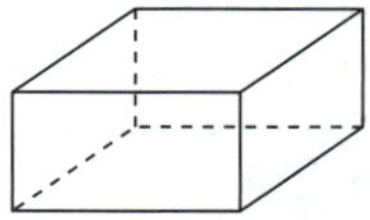

■ *Le cube*

6 faces carrées.

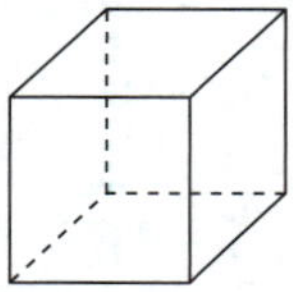

CM ■ *La pyramide à base triangulaire ou tétraèdre*

4 faces triangulaires.

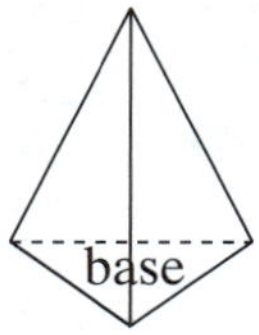

■ *La pyramide à base carrée*

4 faces triangulaires et 1 base carrée ou rectangulaire.

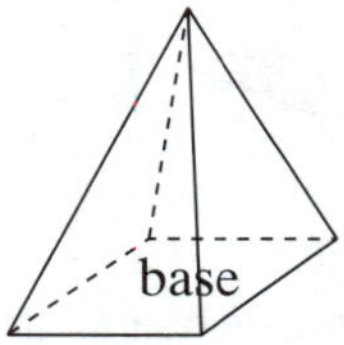

*Ces solides ont des faces qui sont toutes des **faces planes**.*

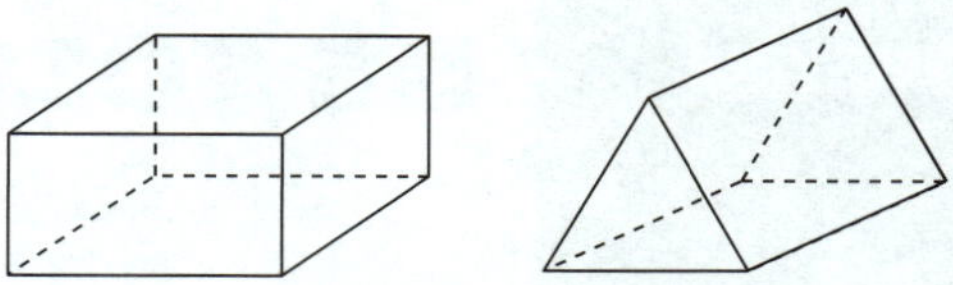

UTILISER SES CONNAISSANCES

CE2 CM ● *Indiquer le nombre de faces, d'arêtes et de sommets de chaque polyèdre.*

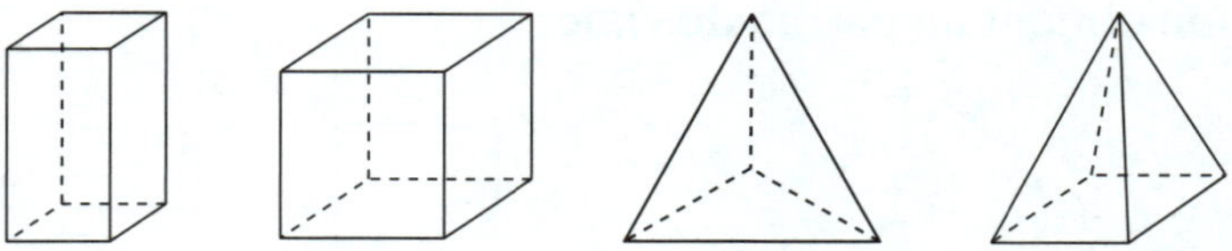

a b c d

	a	b	c	d
faces	6	6	4	5
arêtes	12	12	6	8
sommets	8	8	4	5

CE2 CM ● *Tracer en pointillés les arêtes cachées de ces solides.*

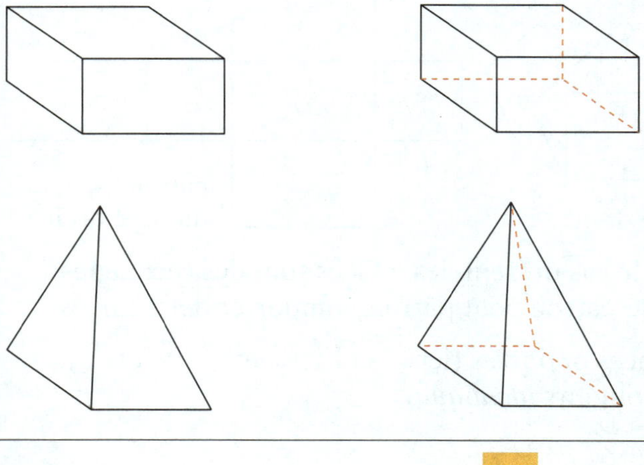

EN SAVOIR PLUS

● Un solide dont toutes les faces sont des figures planes, régulières et identiques est un solide **régulier**. (Un exemple de solide régulier : le cube.)

● Dans un *pavé droit* (ou dans un cube), les faces **opposées** sont **parallèles**.

● Un *prisme droit*, possède 2 bases parallèles à **3**, **5**, **6**… côtés.
Les autres faces sont des rectangles.

prisme à base triangulaire

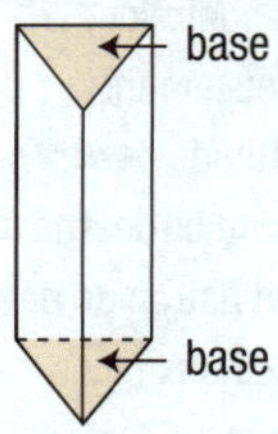

VOIR AUSSI :
Les solides, 53
Les patrons de solides, 55

55 GÉOMÉTRIE

LES PATRONS DE SOLIDES

OUVRIR L'ŒIL

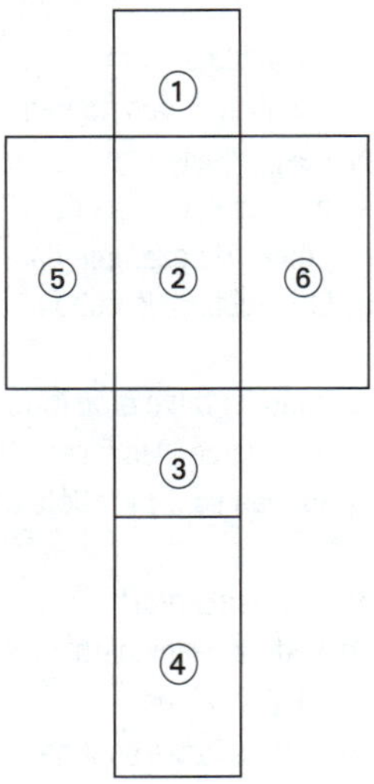

Attention !
Il faut contrôler soigneusement l'exactitude des mesures.
La figure ci-dessus n'est pas un patron de pavé car les deux faces opposées (⑤ et ⑥) ne sont pas identiques.
La face ⑥ est plus large que la face ⑤.

COMPRENDRE

CM ● **Comment passer d'un cube à son patron ?**

On ouvre le cube suivant les arêtes et on le « déploie » de façon à le mettre « à plat ».

On obtient un **patron du cube**.

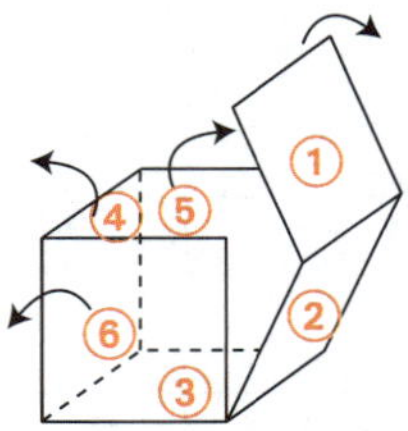

cube

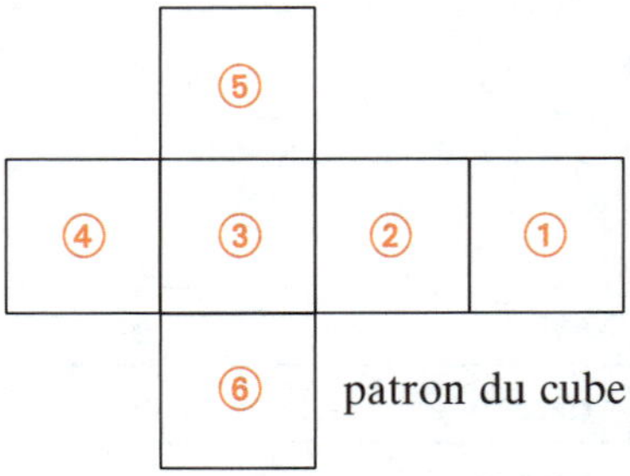

patron du cube

Les 6 faces de ce patron sont des **carrés**.

CM ● **Comment obtenir le patron d'un pavé droit ?**

On procède comme pour le cube.

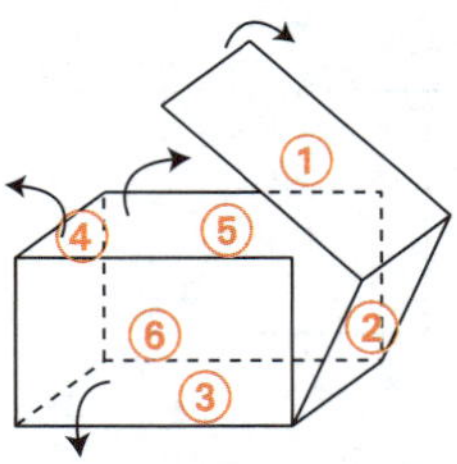

pavé droit

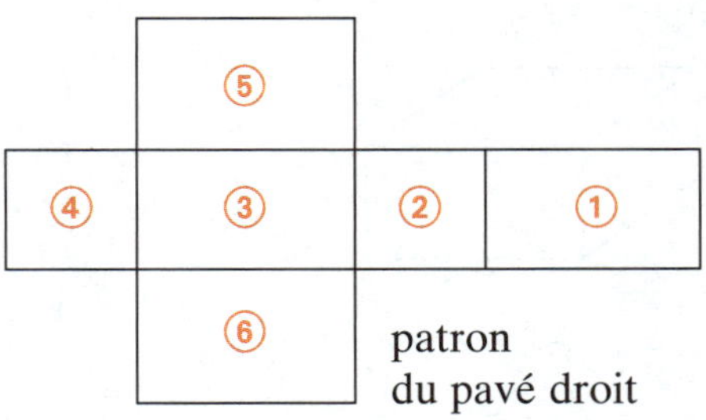

patron du pavé droit

Dans le cas présent, les 6 faces sont des **rectangles** mais le patron peut parfois comporter deux carrés.

Les faces *opposées* (ici ① et ③, ② et ④, ⑤ et ⑥) sont toujours *identiques*.

Cette figure est le ***patron d'un cube****.*
Ce patron comporte 6 carrés identiques, qui sont les 6 faces du cube.

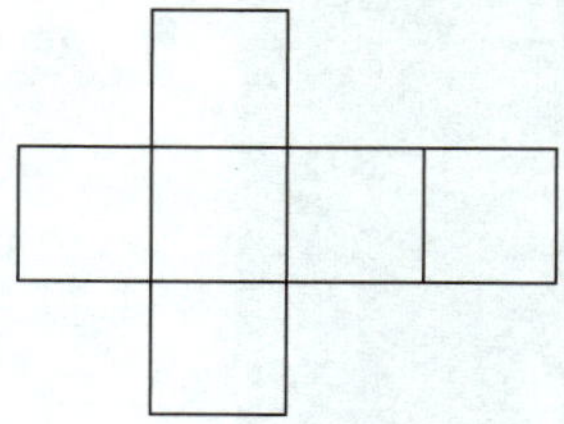

UTILISER SES CONNAISSANCES

- *Parmi ces figures, lesquelles sont des patrons de cube ?*

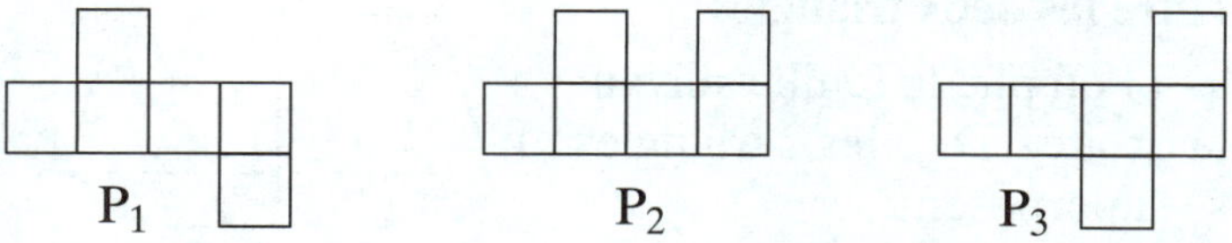

P_1 et P_3 sont des patrons de cube.

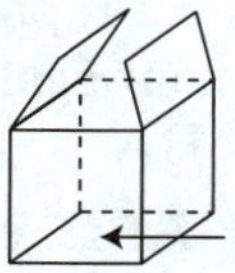

Dans P_2, la base est mal placée.

- *Terminer ce patron de pavé droit.*

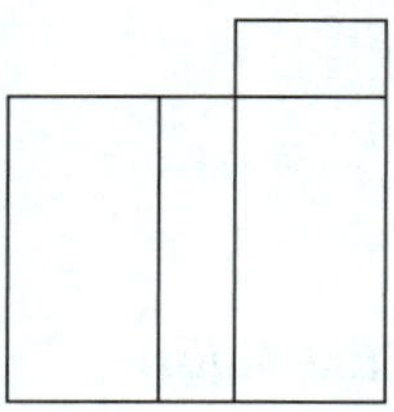

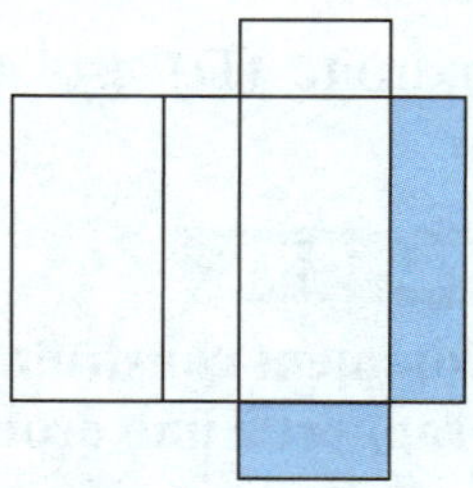

Il faut ajouter les faces bleues.

- *De quel solide cette figure est-elle le patron ?*

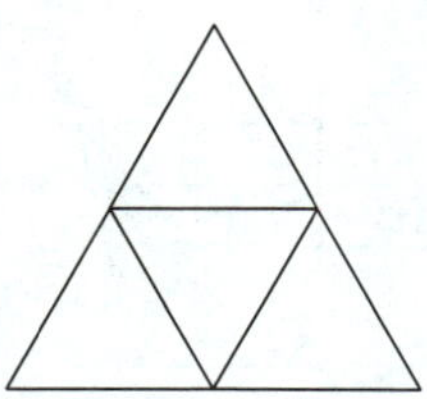

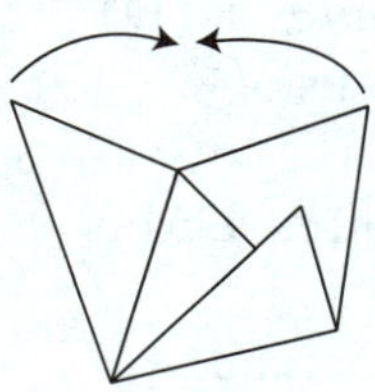

C'est le patron d'un tétraèdre (pyramide à base triangulaire).

EN SAVOIR PLUS

Voici deux autres patrons de solides.

- Patron de *cylindre*.

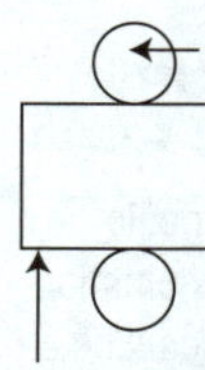

La longueur du rectangle est égale au périmètre du disque.

- Patron de *pyramide* à base carrée.

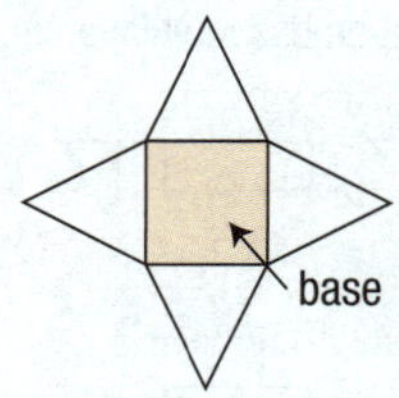

VOIR AUSSI :
Les solides à faces planes, 54
Les polygones, 75

LA SYMÉTRIE

COMPRENDRE

CE2 ● **Comment voit-on qu'il y a symétrie entre les deux triangles ?**

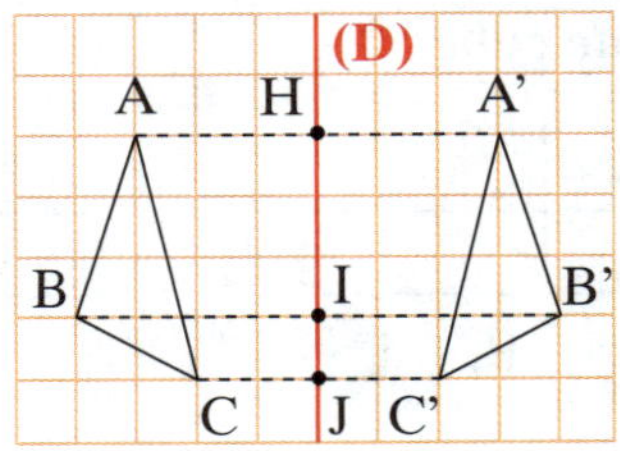

■ Si l'on plie la feuille suivant la droite (D), les 2 triangles se superposent.

■ Les distances par rapport à la droite (D) sont **égales** :

AH = HA' BI = IB' CJ = JC'.

■ Les triangles ABC et A'B'C' ont la **même forme** et les **mêmes dimensions**.

■ L'**orientation** du triangle A'B'C' est l'**inverse** de celle d'ABC.

■ La droite (D) est l'**axe de symétrie**.

OUVRIR L'ŒIL

Dans une symétrie, le changement d'orientation peut se faire de gauche à droite (ou l'inverse) ;

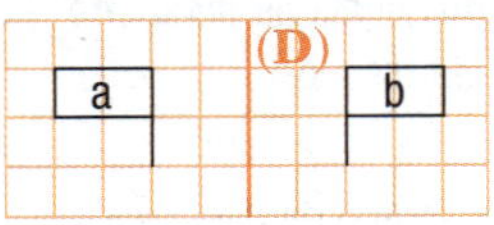

Il peut aussi se faire de haut en bas (ou l'inverse).

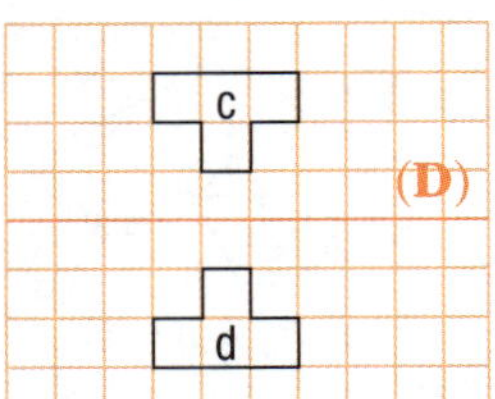

APPRENDRE

CM ● **Comment construire le symétrique d'une figure par rapport à une droite ?**

On veut tracer le symétrique du triangle DEF par rapport à (D).

■ À partir des points D, E et F, on trace des *perpendiculaires* à (D) (en pointillés **bleus**). ①
On obtient les perpendiculaires DM, EN et FO.
DM mesure 4 carreaux,
EN 2 carreaux,
et FO 3 carreaux.

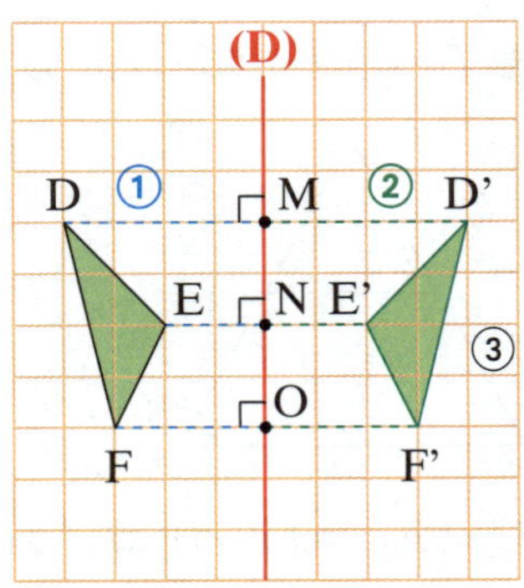

Les triangles ABC *et* A'B'C' *sont* ***symétriques par rapport à l'axe de symétrie*** **(D) .**

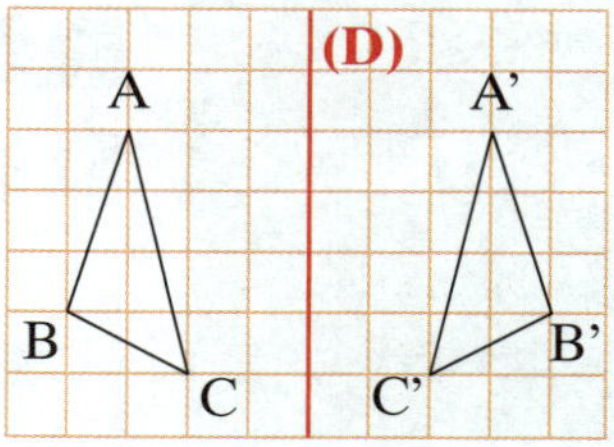

■ On **prolonge** chaque perpendiculaire (en pointillés **verts**), pour obtenir les points D' , E' et F' avec : MD' = DM = 4 (carreaux) ; NE' = EN = 2 (carreaux), OF' = FO = 3 (carreaux). ②

■ On joint ensuite les points D' , E' et F' . ③

UTILISER SES CONNAISSANCES

CE2 ● *Quelles sont les figures symétriques par rapport à* (D) *?*

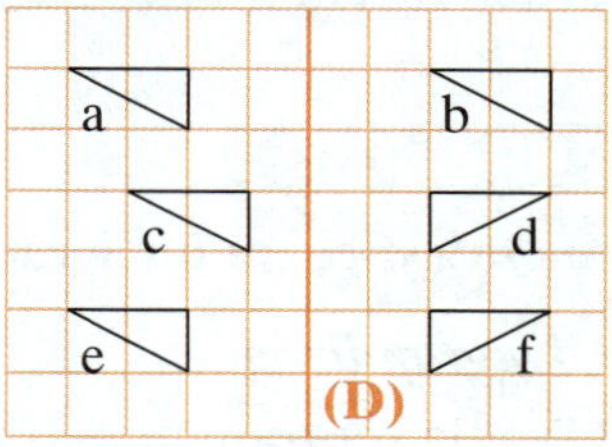

e et f sont symétriques par rapport à (D) .

CM ● *Tracer le symétrique* $\mathcal{F}_2$ *de la figure* $\mathcal{F}_1$ *par rapport à* (D) .

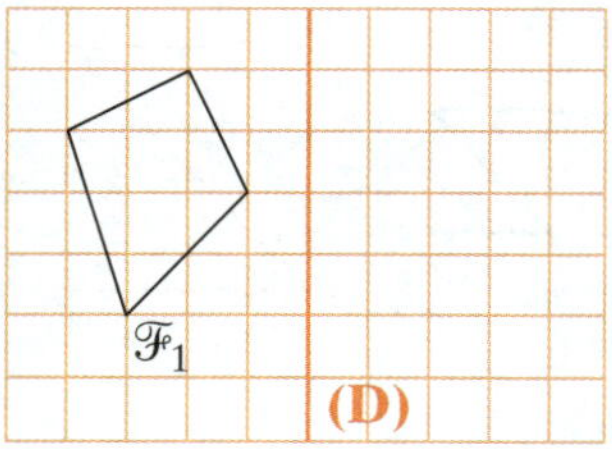

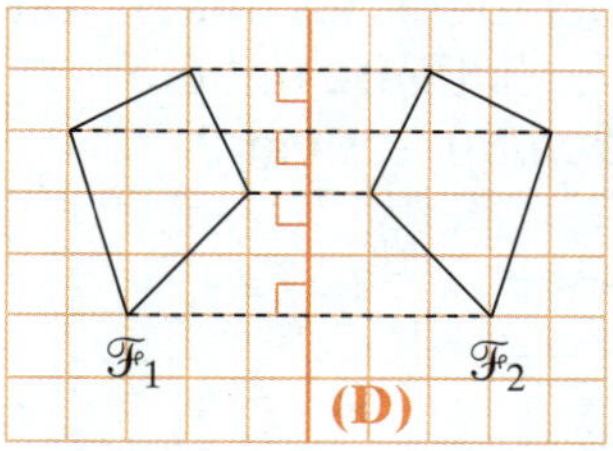

CM ● *Tracer les axes de symétrie de cette figure. (voir « En Savoir plus ».)*

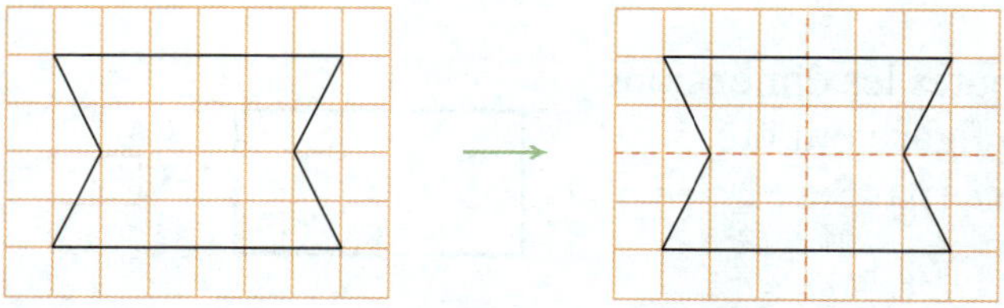

EN SAVOIR PLUS

● Certaines figures ont un (ou plusieurs) axe(s) de symétrie qui passent à l'intérieur de cette figure. On appelle cela une **symétrie axiale**.

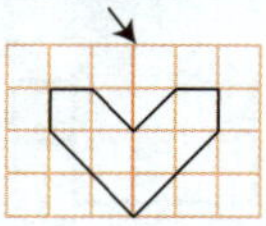

VOIR AUSSI :
Droites perpendiculaires, 46

57 Géométrie

REPRODUCTION DE FIGURES

OUVRIR L'ŒIL

Pour reproduire une figure, il faut multiplier (ou diviser) **toutes** les dimensions par un même nombre.

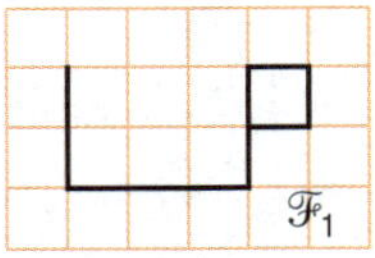

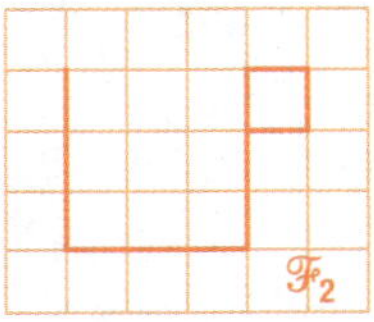

La figure $\mathcal{F}_2$ n'est
– ni une reproduction exacte de $\mathcal{F}_1$,
– ni un agrandissement de $\mathcal{F}_1$,
– ni une réduction de $\mathcal{F}_1$.

COMPRENDRE

CE2

● Qu'est-ce qu'une reproduction exacte ?

Une **reproduction exacte** est une *copie conforme* d'une figure : c'est-à-dire que la figure **conserve** sa forme, ses dimensions et son orientation.

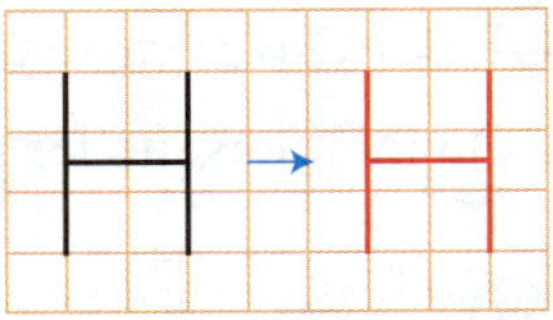

APPRENDRE

● Qu'est-ce qu'un agrandissement ? une réduction ?

■ *L'agrandissement*

C'est la reproduction d'une figure obtenue en **multipliant** chacune de ses dimensions par un **même nombre supérieur à 1**.

Ici toutes les dimensions de la figure ont été *multipliées* par 2.

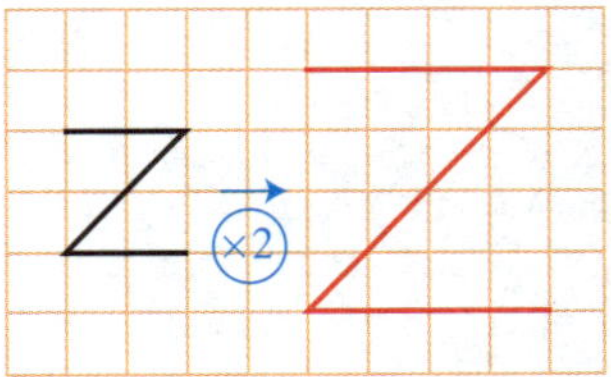

■ *La réduction*

C'est la reproduction d'une figure obtenue en **divisant** chacune de ses dimensions par un **même nombre supérieur à 1**.

Ici toutes les dimensions de la figure ont été *divisées* par 3.

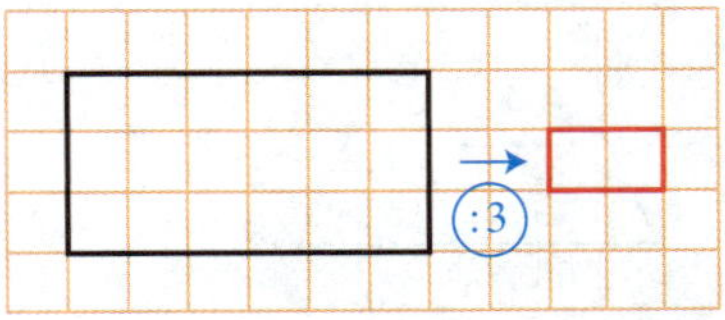

La figure $\mathcal{F}_2$
est une ***reproduction exacte***
de la figure $\mathcal{F}_1$.

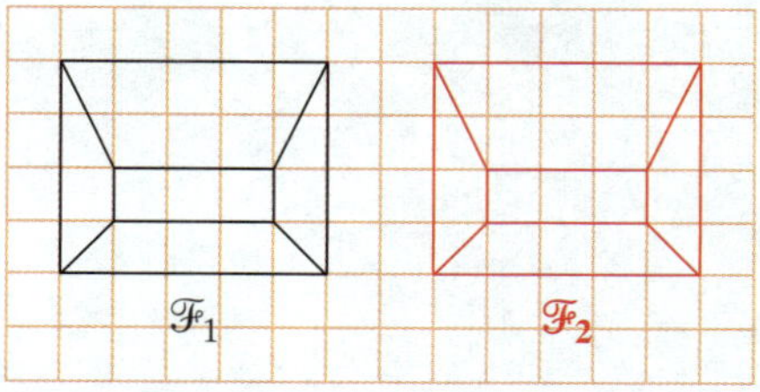

UTILISER SES CONNAISSANCES

CE2 ● *Reproduire cette figure en conservant ses dimensions.*

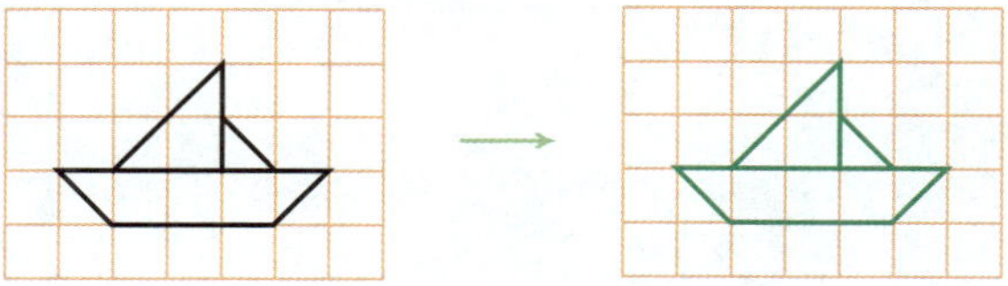

● *Réaliser l'agrandissement de cette figure en multipliant ses dimensions par 3.*

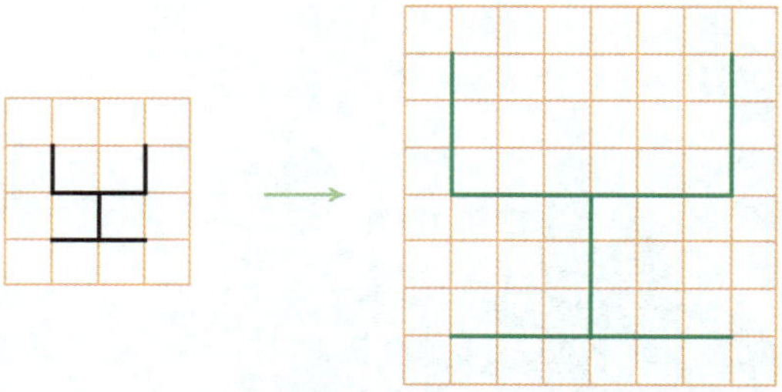

● *Par quel nombre a-t-on divisé les dimensions de ce rectangle pour réaliser cette réduction ?*

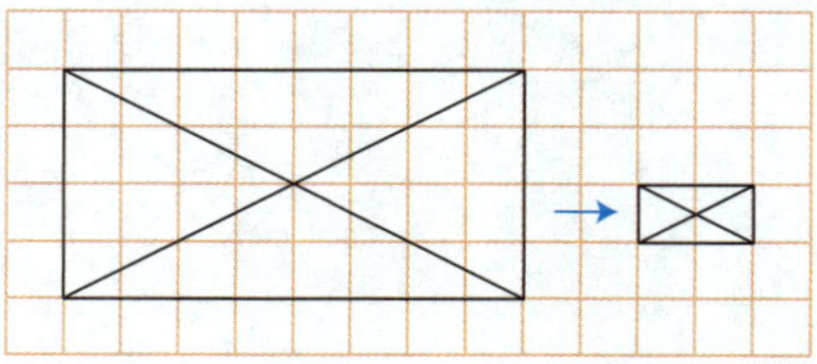

Les dimensions ont été divisées par 4.

EN SAVOIR PLUS

● On peut aussi réaliser un agrandissement ou une réduction simplement en utilisant un quadrillage avec une *maille différente.*

Modèle :

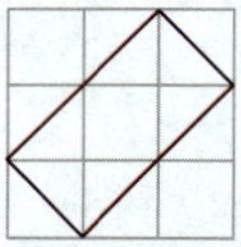

Réduction :

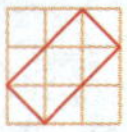

Agrandissement :

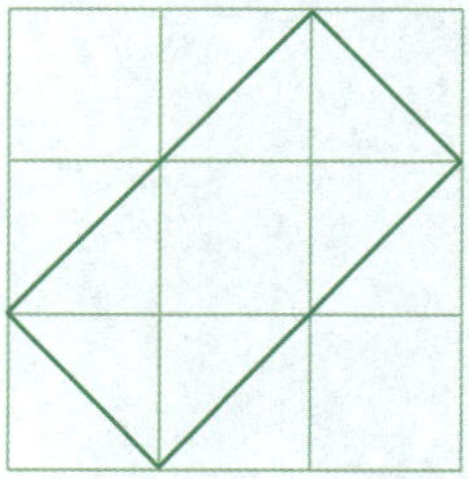

VOIR AUSSI :
Déplacements sur quadrillages, 44
Droites perpendiculaires, 46

Mesure

58

MESURE

L'EURO (1)

COMPRENDRE

CE2 ● **Comment Alex a-t-il payé 30 € 70 c ?**

Il a d'abord donné **1** billet de **20 €** et **1** billet de **10 €** soit **30 €** ; il a ensuite donné **1** pièce de **50 c** et **1** pièce de **20 c**, soit **70 c**.

OUVRIR L'ŒIL

Le symbole de l'**euro** est **€**, celui du **centime** est **c** .

Le mot **centime** est une traduction en français du mot **cent** qui figure sur les pièces.

APPRENDRE

CE2 ● **De quels billets et pièces dispose-t-on pour payer en euros ?**

Il faut savoir que :

1 euro (€) = 100 centimes (c) .

Il y a 7 billets :

5 € ; 10 € ; 20 € ; 50 € ; 100 € ; 200 € ; 500 € .

Il y a 8 pièces :

1 c ; 2 c ; 5 c ; 10 c ; 20 c ; 50 c ; 1 € ; 2 € .

CE2 ● **Comment additionner des sommes exprimées en euros et en centimes ?**

On veut additionner 5 € 40 c et 12 € 75 c.

- On additionne d'abord les *euros* :

5 + 12 = 17 (€)

- On additionne ensuite les *centimes* et on transforme le résultat :

40 c + 75 c = 115 c ; 115 c = 1 € 15 c

- On fait le *total* des euros et des centimes :

17 € + 1 € 15 c = 18 € 15 c .

Pour payer sa tenue de football, Alex a donné 30 € 70 c.

CE2 **Comment composer 1 € ?**

Sachant que 1 € = 100 c , il y a plusieurs façons de composer 1 €.
2 pièces de 50 c ou 5 pièces de 20 c ou 10 pièces de 10 c ou 20 pièces de 5 c.
Mais 50 c + 20 c + 10 c + 10 c + 5 c + 2 c + 2 c + 1 c font également 1 €.

UTILISER SES CONNAISSANCES

- *Indiquer le plus petit nombre possible de billets et de pièces nécessaires pour payer* 63 € 65 c.

1 billet de 50 € et 1 de 10 € ; 1 pièce de 50 c, 1 de 10 c et 1 de 5 c.

- *Transformer selon les unités indiquées.*

3 € 10 c = … c ; → 310 c ;
1 826 c = … € … c . → 18 € 26 c .

- *À la librairie, Damien achète un livre valant* 5 € 70 c *et un stylo qui coûte* 2 € 95 c *ainsi qu'une gomme à* 62 c. *Combien va-t-il payer ?*

Total des euros : 5 + 2 = 7 €
Total des centimes : 70 + 95 + 62 = 227 c .
227 c = 2 € 27 c
Damien va payer : 7 € + 2 € + 27 c = 9 € 27 c .

- *Marie donne* 1 *pièce de* 10 € *pour payer un achat de* 3 € 37 c. *Que lui rend-on ?*

3 € 37 c + **2 c** + **1 c** = 3 € 40 c
3 € 40 c + **10 c** = 3 € 50 c ; 3 € 50 c + **50 c** = 4 €
4 € + **1 €** = 5 € ; 5 € + **5 €** = 10 €
On lui rend : (2 c) + (1 c) + (10 c) + (50 c) + (1 €) + [5 €] = 6 € 63 c .

EN SAVOIR PLUS

- Pour rendre la monnaie, on procède par additions successives.

Exemple :
Pour payer 3 € 50 c,
je donne 1 *billet de* 10 €.
Que me rend-on ?

3 € 50 c + **50 c** = 4 €

4 € + **1 €** = 5 €

5 € + **5 €** = 10 €

On m'a rendu :
50 c + 1 € + 5 €
soit 6 € 50 c
(une pièce de 50 c, une pièce de 1 € et 1 billet de 5 €).

VOIR AUSSI :
L'euro (2), 59

59 MESURE

L'EURO (2)

COMPRENDRE

CM Un prix, exprimé en euros, peut s'écrire de deux façons :

– **sans virgule**, en exprimant les euros et les centimes séparément (2 € 15 c) ;

– **avec une virgule**, la virgule séparant les euros des centimes (2 , 15 €) ;
virgule

2 € 15 c = 2,15 € .

OUVRIR L'ŒIL

Il ne faut pas oublier que le mot **centimes** désigne ici des *centimes* d'*euro*, c'est-à-dire une valeur de 0,01 €.

APPRENDRE

CM ● **Comment passer de l'euro au centime (ou inversement) ?**

Il faut d'abord se rappeler que :

1 € = 100 c

a) Si le prix est en euros, **on multiplie par 100** pour le transformer en centimes.

3,15 € = 315 c
(× 100)

b) Si le prix est en centimes, **on divise par 100** pour le transformer en euros.

1 254 c = 12,54 €
(: 100)

CM ● **Comment faire des opérations en euros ?**

La technique est la même que pour toute autre opération.

Par exemple, pour une addition ou une soustraction, il faut bien **mettre les unités sous les unités** et **les virgules sous les virgules**.

Lucie achète une bouteille de jus d'orange marquée **2 € 15 c**.
Elle vérifie le prix sur le ticket de caisse et lit **2,15 €**.
Y aurait-il un erreur, se demande-t-elle ?

UTILISER SES CONNAISSANCES

- *Transformer selon l'unité indiquée.*

4 € 12 c = … € ; → 4,12 € ;
35,04 € = … c ; → 3 504 c ;
28 c = … € ; → 0,28 € ;
1 € *et demi* = … c . → 150 c .

- *Exprimer, en prenant l'euro comme unité, la valeur totale des billets et pièces représentés ci-dessous.*

a)  → 105,21 € .

b)  → 251,15 € .

- *Il manque 58 c à Léa pour acheter un CD audio valant 13,04 € et un film vidéo vendu 18,26 €. De quelle somme dispose Léa ?*

Prix des deux objets : 13,04 + 18,26 = 31,30 (€)
Léa dispose de : 31,30 – 0,58 = 30,72 (€).

- *Mr Paul se rend à la poste. Il achète 30 timbres à 0,46 €, 12 timbres à 0,68 €, 5 timbres à 1,52 € et 8 autres timbres. Il donne un billet de 50 € pour payer. On lui rend 12,28 €. Quel est le prix d'un des 8 timbres ?*

Dépense totale : 50 – 12,28 = 37,72 (€)
Timbres à 0,46 € : 0,46 × 30 = 13,80 (€)
Timbres à 0,68 € : 0,68 × 12 = 8,16 (€)
Timbres à 1,52 € : 1,52 × 5 = 7,60 (€)
Prix des 8 timbres : 37,72 – (13,80 + 8,16 + 7,60) = 8,16 (€)
Prix d'un timbre : 8,16 : 8 = 1,02 (€) .

EN SAVOIR PLUS

- Pour l'achat d'un **ordinateur**, il faut compter environ **1 500 €**.
- Un billet de **500 €** permet d'acheter un **poste de télévision**.
- Avec **100 €**, on peut s'offrir une bonne paire de **chaussures de sport**.
- **1 €**, c'est à peu près le prix d'un **journal**.

VOIR AUSSI :
L'euro (1), 58
L'addition, 15, 16
La soustraction, 18, 20
La multiplication, 22, 23, 24, 25, 26
La division, 30, 31, 32, 33, 34

60 MESURE

MESURES DE LONGUEURS (I)

OUVRIR L'ŒIL

Le nom de chaque unité de longueur commence par un *préfixe* (déca, kilo, centi…). Chaque préfixe a une signification.

● Unités **plus grandes** que le mètre :

décamètre 10 fois plus grand.

hectomètre 100 fois plus grand.

kilomètre 1 000 fois plus grand.

● Unités **plus petites** que le mètre :

décimètre 10 fois plus petit.

centimètre 100 fois plus petit.

millimètre 1 000 fois plus petit.

Ces préfixes sont également valables pour les unités de mesure de masses et de capacités.

COMPRENDRE

CE2 ● Rappel sur le système décimal

Pour obtenir l'unité immédiatement inférieure au mètre, on divise 1 m en 10 parties (car notre système de mesures est *décimal*).

1 mètre = **10** décimètres ; **1** m = **10** dm .

En poursuivant les divisions par 10, on obtient des unités de plus en plus petites :

1 dm = **10** cm ; **1** cm = **10** mm .

CE2 ● Comment Mathieu a-t-il trouvé la mesure du segment AB ?

■ Il a compté les **centimètres** (cm). De 0 à 3, il y a 3 cm.

■ Il a compté les **millimètres** (mm).

Entre la graduation 3 et le point B , il y a 4 mm.

AB = 3 cm et 4 mm.

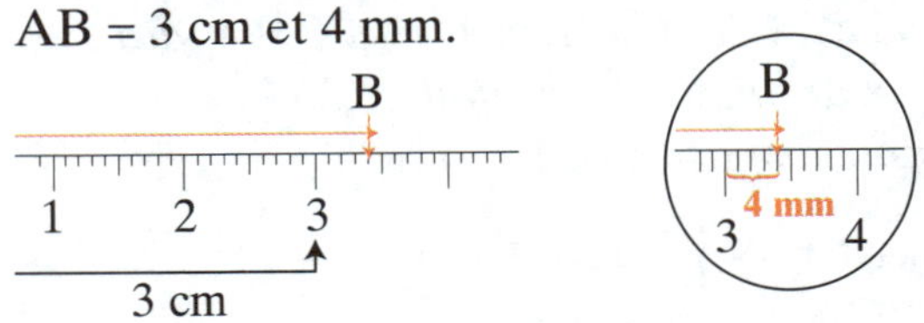

APPRENDRE

CE2 ● Quelles sont les unités de mesures de longueurs ?

Les unités de mesures de longueurs sont :
le **mètre**, ses sous-multiples et ses multiples.

multiples			mètre	sous-multiples		
km	**hm**	**dam**	**m**	**dm**	**cm**	**mm**

■ *Les sous-multiples sont :*

le décimètre (dm) ; le centimètre (cm) ; le millimètre (mm)

1 m = 10 dm ; 1 m = 100 cm ; 1 m = 1 000 mm.

1 m = 10 dm = 100 cm = 1 000 mm .

Mathieu veut mesurer la longueur
du segment AB . *Pour cela, il utilise son double décimètre.*
Le segment AB *mesure* **3 cm** ***et*** **4 mm**.

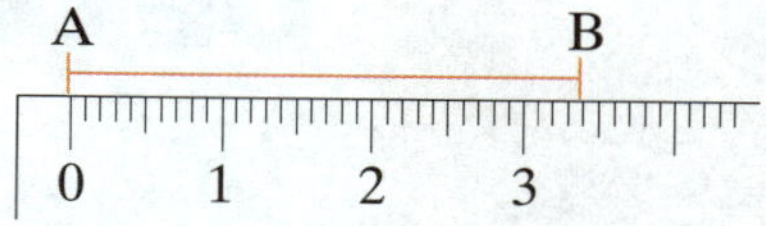

■ *Les multiples sont :*
le décamètre (dam) ; l'hectomètre (hm) ; le kilomètre (km)
1 dam = 10 m ; 1 hm = 100 m ; 1 km = 1 000 m .

1 km = 10 hm = 100 dam = 1 000 m .

CE2 ● **Comment effectuer des conversions ?**
On utilise un tableau de conversion :

km	hm	dam	m	dm	cm	mm
	0	3	**5**	0	0	

On place toujours en premier le chiffre des **unités** (ici le **5**) dans la colonne correspondant à l'unité de mesure utilisée (ici le **m**).
On écrit 1 ou plusieurs zéros (en **bleu**) si c'est nécessaire. 35 m peut s'écrire :
350 dm ; 3 500 cm ; 3 dam et 5 m ; 0 hm 3 dam et 5 m.

EN SAVOIR PLUS

On peut diviser le millimètre en dixièmes de millimètre,
en centièmes de millimètre et en millièmes de millimètre.
Le *millième* de millimètre s'appelle le **micronmètre**.
On le note µm (la lettre µ est la première du mot grec « micron »).

1 mm = 1 000 µm.

UTILISER SES CONNAISSANCES

● *Placer le point* D *de façon que le segment* CD *mesure* 2 cm *et* 8 mm *:*

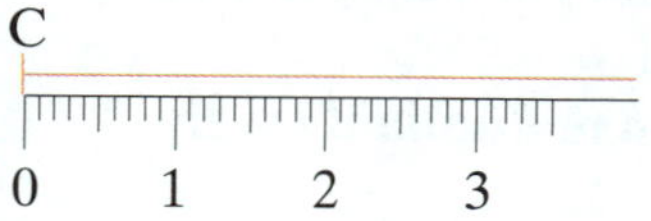

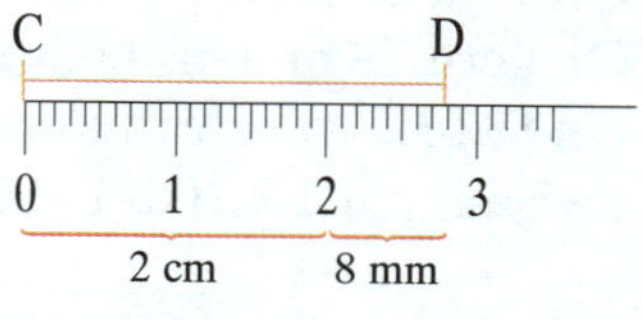

● *Effectuer les conversions demandées, à l'aide des tableaux de la rubrique APPRENDRE :*

2 hm *et* 58 m = … m . → 2 hm et 58 m = 258 m .
3 dam *et* 9 dm = … cm . → 3 dam et 9 dm = 3 090 cm .
7 680 dm = … hm *et* … m . → 7 680 dm = 7 hm et 68 m .
2 300 cm = … m → 2 300 cm = 23 m .

VOIR AUSSI :
Mesures de longueurs (2), 61
Mesures de masses, 63
Mesures de capacités, 64

61 MESURE

MESURES DE LONGUEURS (2)

OUVRIR L'ŒIL

Quand on écrit un nombre de plusieurs chiffres dans un tableau, le chiffre des **unités** doit être placé dans la colonne correspondant à l'unité de mesure choisie.

m	dm	cm	
	4	1	→ 41 cm
1	8		→ 18 dm
6	0	7	→ 607 cm

COMPRENDRE

CM ● **Comment peut-on prouver que les trois mesures sont égales ?**

En les écrivant dans un **tableau de conversion** :

	hm	dam	m	dm	
Jérome →	1	2	0		→ 120 m
Claire →	1	2			→ 12 dam
Fabrice →	1	2	0	0	→ 1 200 dm

On voit que les trois nombres ont :
– le même nombre d'hectomètres (hm) : 1 ;
– le même nombre de décamètres (dam) : 2 ;
– 0 mètre (m) et 0 décimètre (dm).

Ils sont donc **égaux** : 120 m = 12 dam = 1 200 dm .

APPRENDRE

CM ● **Comment convertir une mesure de longueur ?**

On utilise un **tableau de conversion.**
On veut convertir 78 m en dam, en dm et en hm.
On écrit 78 m dans le tableau.
On fait les transformations en **multipliant** ou en **divisant** par 10, 100, 1 000…

	hm	dam	m	dm	
78 m →		7	8		
: 10 →		7,	8		→ 7,8 dam
× 10 →		7	8	0	→ 780 dm
: 100 →	0,	7	8		→ 0,78 hm

Jérôme dit : « Ce stade mesure **120 m** *de long ».*
Claire répond : « Non, **12 dam** *seulement ».*
Fabrice ajoute : « Pas du tout, sa longueur est de **1 200 dm** *».*
Jérôme, Claire et Fabrice ont raison tous les trois !

Remarque : Il faut placer la virgule **à droite** du chiffre qui représente l'unité de mesure choisie.

78 m = 7,8 dam .

↑ **chiffre des décamètres**

On écrit un ou plusieurs zéros si c'est nécessaire :

78 m = 780 dm = 0,78 hm .

UTILISER SES CONNAISSANCES

● *Utiliser ce tableau pour répondre aux questions suivantes :*

km	hm	dam	m	dm	cm	mm

a) Indiquer les mesures égales :
47 cm ; 470 dm ; 470 mm ; 4,7 dm .

b) Convertir dans l'unité demandée :
en m : 360 dm ; 4,2 hm ;
en cm : 645 mm ; 0,8 dam ;
en km : 3 000 m ; 2,5 dam .

c) Transformer et convertir dans l'unité demandée :
3 km 5 hm 6 m = … m ;
5 dm 1 cm 3 mm = … dm ;
9 hm 28 m = … km .

a) 4,7 dm = 47 cm = 470 mm .
b) 360 dm = 36 m ; 4,2 hm = 420 m .
645 mm = 64,5 cm ; 0,8 dam = 800 cm .
3 000 m = 3 km ; 2,5 dam = 0,025 km .
c) 3 km 5 hm 6 m = 3 506 m ;
5 dm 1 cm 3 mm = 5,13 dm ;
9 hm 28 m = 0,928 km .

EN SAVOIR PLUS

Avant l'apparition du système métrique (1795), on utilisait, en France, les unités de mesures de longueurs suivantes :
– le **pouce**
(1 pouce = 2,7 cm)
– le **pied**
(1 pied = 0,32 cm)
– la **toise**
(1 toise = 1,95 m)
– le **pas**
(1 pas = 0,62 m)
– la **lieue**
(1 lieue = 3,898 km).
Ce système, contrairement au système métrique, n'était pas un système décimal (à base 10).

VOIR AUSSI :
Mesures de longueurs (1), 60
La multiplication par 10, 100, 1 000, 23
La division par 10, 100, 1 000, 30

62 MESURE

PÉRIMÈTRE DU RECTANGLE PÉRIMÈTRE DU CARRÉ

OUVRIR L'ŒIL

● Attention aux unités ! Avant de faire les calculs, il faut s'assurer que **toutes** les mesures sont bien exprimées avec **la même unité**. Si ce n'est pas le cas, il faut faire une conversion.

● Il faut savoir retrouver les formules suivantes :

Rectangle :
demi-périmètre
= longueur + largeur.
Périmètre
= (longueur + largeur) × 2.

Carré :
Périmètre
= longueur du côté × 4.

COMPRENDRE

CM ● **Comment calculer le périmètre du rectangle ABCD ?**

Le **périmètre** du rectangle ABCD est la longueur de la ligne ABCDA.

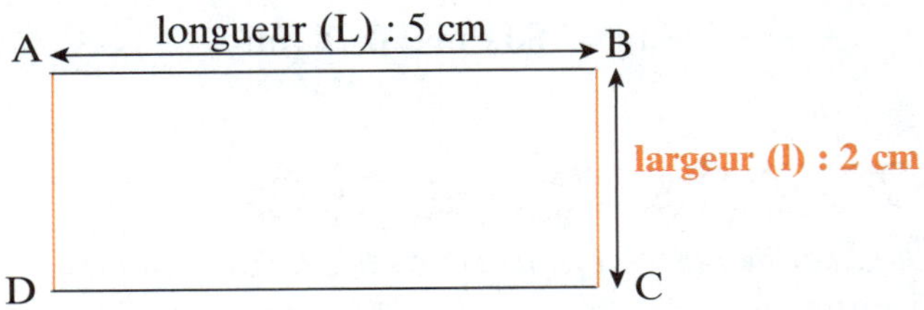

■ On calcule d'abord le **demi-périmètre**.

Demi-périmètre = longueur + largeur.

Ici : demi-périmètre = 5 + 2 = 7 (cm).
(5 : longueur ; 2 : largeur)

■ On multiplie ensuite le demi-périmètre par 2, car il y a **2** longueurs et **2** largeurs dans le rectangle.

Périmètre du rectangle = (longueur + largeur) × 2
= (L + l) × 2 .

Ici, périmètre = (5 + 2) × 2 = 14 (cm) .

CM ● **Comment calculer le périmètre d'un carré ?**

Puisque les 4 côtés sont égaux, le périmètre du carré se calcule en faisant une multiplication.

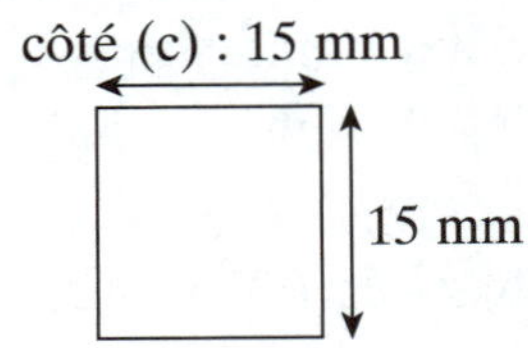

Périmètre du carré = longueur du côté × 4 = c × 4 .

Dans le cas d'un carré de 15 mm de côté, on aura :

Périmètre = 15 × 4 = 60 (mm) .
(15 : longueur d'un côté ; 4 : nombre de côtés)

Le rectangle ABCD
a une longueur de 5 cm
et une largeur de 2 cm.
Son périmètre mesure 14 cm.

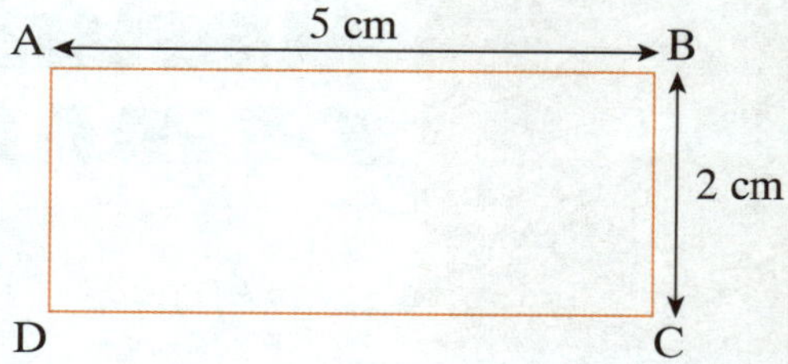

APPRENDRE

CM ● **Comment calculer la longueur (ou la largeur) d'un rectangle connaissant son périmètre et la largeur (ou la longueur) ?**

- On calcule le demi-périmètre en divisant le périmètre par 2.
- On retranche la dimension connue au demi-périmètre, et on obtient la dimension cherchée.

Si le périmètre mesure 50 m et la longueur 15 m, la largeur du rectangle se calcule ainsi :

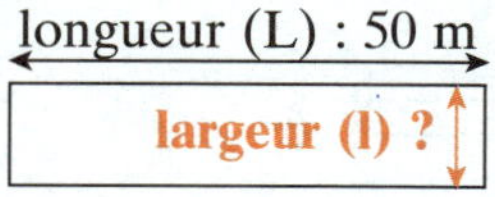

Demi-périmètre = 50 : 2 = 25 (m)
Largeur = 25 – 15 = 10 (m)

CM ● **Comment calculer le côté du carré connaissant son périmètre ?**

Pour calculer le côté d'un carré connaissant le périmètre de ce carré, on divise le périmètre par 4.
Ainsi, un carré dont le périmètre mesure 84 m a un côté qui mesure 84 : 4 = 21 (m) .

UTILISER SES CONNAISSANCES

● *Calculer le périmètre d'un rectangle de* 6,70 m *de long et de* 3,40 m *de large, en mètres.*

Périmètre du rectangle = (6,70 + 3,40) × 2 = 20,20 (m).

● *Un carré a un côté de* 3,50 m. *Son périmètre est le même que celui d'un rectangle de* 1,80 m *de large. Calculer la longueur du rectangle.*

Périmètre du carré : 3,50 × 4 = 14 (m) .
Demi-périmètre du rectangle : 14 : 2 = 7 (m) .
Longueur du rectangle : 7 – 1,80 = 5,20 (m) .

VOIR AUSSI :
Le rectangle, le carré, 48
Mesures de longueurs (1) et (2), 60, 61

63 MESURE

MESURES DE MASSES

COMPRENDRE

CE2 ● Comment Cécilia a-t-elle trouvé la masse du gigot ?

Il faut d'abord savoir que :
kg signifie **kilogramme**, **g** signifie **gramme**, et que :

1 kg = 1 000 g .

■ Cécilia a d'abord placé les masses sur le plateau de droite de façon qu'il y ait **équilibre** (flèche verticale).

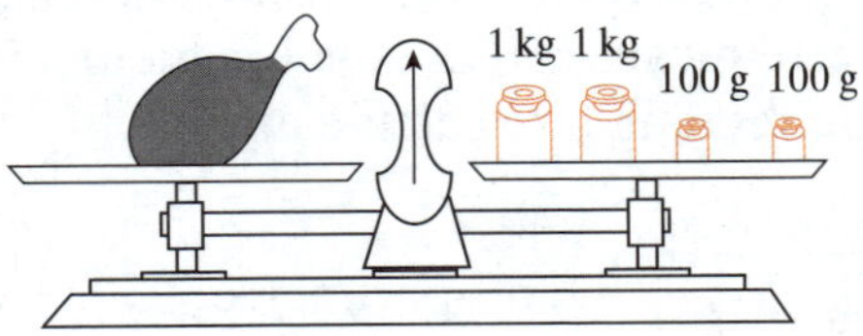

■ Elle a fait ensuite le total des masses :
– 1 kg + 1 kg = 2 kg .
– 100 g + 100 g = 200 g .
2 kg + 200 g = 2 kg et 200 g .

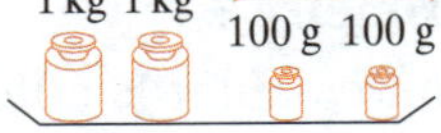

APPRENDRE

CE2 ● Quelles sont les unités de mesures de masses ?

Les unités de mesure de masses sont :
le **gramme**, ses sous-multiples et ses multiples.

multiples — gramme — sous-multiples

kg	hg	dag	g	dg	cg	mg

■ *Les sous-multiples sont :*
le décigramme (dg) 1 g = 10 dg ;
le centigramme (cg) 1 g = 100 cg ;
le milligramme (mg) 1 g = 1 000 mg .

1 g = 10 dg = 100 cg = 1 000 mg .

OUVRIR L'ŒIL

Dans le langage courant, on emploie souvent le mot **poids** à la place du mot **masse**, mais il ne faut pas confondre ces deux termes, car une même *masse* peut avoir un *poids différent* selon l'endroit où elle se trouve sur la Terre. Par ailleurs, un objet qui pèse 6 kg sur la Terre aura un poids de 1 kg sur la Lune.

Cécilia pèse le gigot qu'elle vient d'acheter.
La masse de ce gigot est :
2 kg *et* 200 g.

Les multiples sont :

le décagramme (dag) 1 dag = 10 g ;
l'hectogramme (hg) 1 hg = 100 g ;
le kilogramme (kg) 1 kg = 1 000 g .

1 kg = 10 hg = 100 dag = 1 000 g .

CM **Comment effectuer des conversions ?**

Si l'on veut connaître les différentes façons d'écrire 47 g selon l'unité choisie, on utilise un tableau de conversion :

kg	hg	dag	g	dg	cg	mg
0	0	4	7	0	0	

On place toujours en premier le chiffre des **unités** (ici le **7**) dans la colonne correspondant à l'unité de mesure utilisée (ici le **g**). On écrit un ou plusieurs zéros (en **rouge**) si c'est nécessaire.
47 g peut s'écrire :
470 dg ; 4 700 cg ; 4,7 dag ; 0,47 hg ; 0,047 kg.

UTILISER SES CONNAISSANCES

CE2 *En utilisant une seule fois chaque masse marquée de la boîte, indique les masses à utiliser pour peser un objet de : 772 g ? 348 g ?*

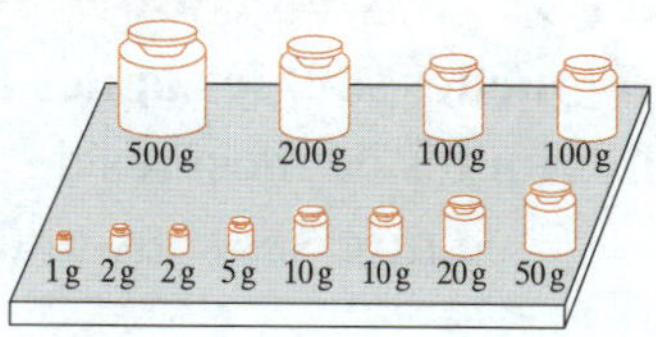

772 g = 500 g + 200 g + 50 g + 20 g + 2 g .
348 g = 200 g + 100 g + 20 g + 10 g + 10 g + 5 g + 2 g + 1 g .

CM *Trouver l'unité manquante :*

a) 8 kg = 8 000 …
600 cg = 6 …

b) 3,5 hg = 350 …
7 200 mg = 0,72 …

a) 8 kg = 8 000 g ;
600 cg = 6 g .

b) 3,5 hg = 350 g ;
7 200 mg = 0,72 dag .

EN SAVOIR PLUS

Il existe d'autres unités de mesures de masses :
– la **tonne** (t) :
1 t = 1 000 kg
– le **quintal** (q) :
1 q = 100 kg
On utilise aussi :
– la **livre** (500 g)
– la **demi-livre** (250 g).

VOIR AUSSI :
Mesures de longueurs (1) et (2), 60, 61
Mesures de capacités, 64

64

MESURE

MESURES DE CAPACITÉS

COMPRENDRE

CE2 **Qu'appelle-t-on capacité de la bouteille ?**

La **capacité** de la bouteille, c'est ce qu'elle peut contenir, c'est sa *contenance*.

CE2 **Comment a-t-on obtenu 1,5 L ?**

On a d'abord calculé la capacité de la bouteille, en centilitres :

$$10 \times 15 = 150 \text{ cL} .$$

On a ensuite converti 150 cL en L, à l'aide d'un tableau de conversion :

	L	dL	cL	
150 cL →	1	5	0	→ 1 L et 5 dL ou 1,5 L.

La bouteille contenait **1,5 L** de jus de fruit.

OUVRIR L'ŒIL

La virgule doit être placée **à droite** du chiffre qui représente l'**unité choisie**. Ainsi dans 3,5 daL, la virgule est à droite du chiffre **3** car c'est ce chiffre qui représente les décalites.

APPRENDRE

CM **Quelles sont les unités de mesures de capacité ?**

Les unités de mesures de capacité sont :

le litre, ses sous-multiples et ses multiples.

multiples		litre	sous-multiples		
hL	daL	L	dL	cL	mL

Les sous-multiples sont :

le décilitre (dL)	le centilitre (cL)	le millilitre (mL)
1 L = 10 dL ;	1 L = 100 cL ;	1 L = 1 000 mL .

1 L = 10 dL = 100 cL = 1 000 mL .

Avec une bouteille de jus de fruit, on a rempli 15 *verres de* 10 cL.
***La capacité de cette bouteille est de* 1,5 L.**

■ *Les multiples sont :*
le décalitre (daL)   l'hectolitre (hL)
1 daL = 10 L ;   1 hL = 10 daL ;   1hL = 100L.

1 hL = 10 daL = 100 L .

CM ● **Comment effectuer des conversions ?**

Si l'on veut connaître les différentes façons d'écrire 3,25 L selon l'unité choisie, on utilise un **tableau** :

hL	daL	L	dL	cL	mL
0	0	3,	2	5	0

On place toujours en premier le chiffre de l'**unité** (ici le **3**) dans la colonne correspondant à l'unité de mesure utilisée (ici le **L**). On écrit un (ou plusieurs) zéros si c'est nécessaire.

3,25 L peut s'écrire :
32,5 dL ; 325 cL ; 3 250 mL ; 0,325 daL ; 0,0325 hL .

UTILISER SES CONNAISSANCES

CE2 CM ● *Quelle est l'unité manquante ?*
5 L = 500 … ; 2 800 cL = 28 … ; 968 mL = 9,68 …

5 L = 500 cL ; 2 800 cL = 28 L ; 968 mL = 9,68 dL .

CM ● *Exprimer ces mesures avec des nombres entiers :*
7,35 dL = 735 … ; 0,07 daL = 7 … ; 3,65 L = 365 …

7,35 dL = 735 mL ; 0,07 daL = 7 dL ; 3,65 L = 365 cL .

CM ● *Dans les nombres suivants, le chiffre* 4 *représente les litres. Indiquer l'unité dans laquelle le nombre est exprimé :*
1,47 … ; 1 475 … ; 8,04 … ; 2 745,3 …

1,47 daL ; 1 475 cL ; 8,04 hL ; 2 745,3 dL .

EN SAVOIR PLUS

Il y a correspondance entre les unités de mesure de capacité et les unités de mesure des volume :

1 L = 1 dm^3 .

Il faut aussi savoir que :

1 000 L = 1 m^3

1 mL = 1 cm^3 .

VOIR AUSSI :
Mesures de masses, 63
Unités de volume, 81

65

MESURE

MESURES D'AIRES ENCADREMENTS

COMPRENDRE

CM **Comment déterminer l'aire de la figure $\mathcal{A}$?**

On compte le nombre d'unités de surface **u** contenues dans la figure : il y a 15 u .
L'**aire** de la figure $\mathcal{A}$ est égale à **15 u** .

OUVRIR L'ŒIL

Attention !
Lorsque l'on réalise un encadrement, il faut que le trait en pointillé passe le plus près possible de la figure.

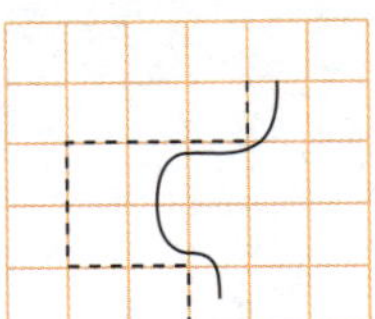

faux

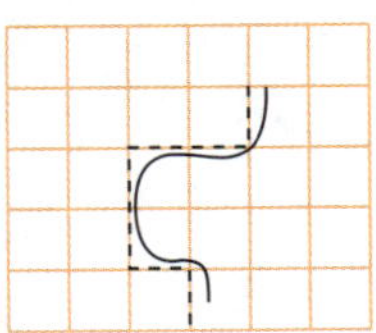

juste

APPRENDRE

CM **Comment procéder lorsque la figure ne contient pas un nombre entier d'unités de surface ?**

On réalise un **encadrement** de l'aire de la figure.
On veut connaître l'encadrement de la figure $\mathcal{B}$ délimitée par la ligne noire.

- *Étape* 1
On compte le nombre d'unités **u** entières, *contenues dans la figure* (à l'intérieur du trait pointillé **rouge**).
On compte 11 u .

- *Étape* 2
On compte le nombre d'unités **u** entières, nécessaires *pour contenir la figure*, à l'intérieur du trait pointillé **bleu**. On compte 33 u .
L'encadrement s'écrit :
11 u < aire de $\mathcal{B}$ < 33 u .

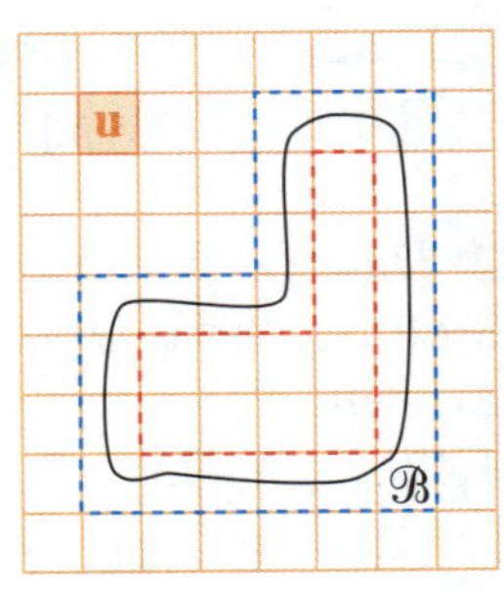

En prenant le carreau **u** *comme unité de mesure, l'**aire** de la **figure*** $\mathcal{A}$ *est égale à* **15 u**.

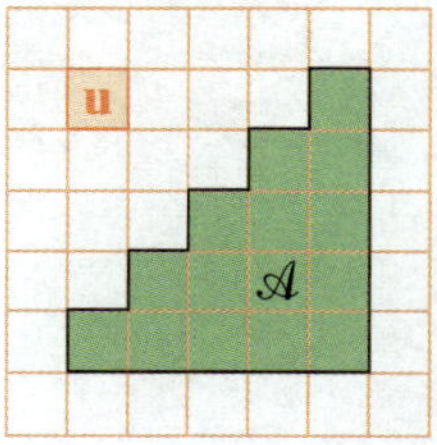

Comment mesurer l'aire d'une figure à l'aide d'unités différentes ?

L'aire de la figure $\mathcal{C}$ est égale à :

$$6\,u_1 = 12\,u_2 = 24\,u_3 = 48\,u_4.$$

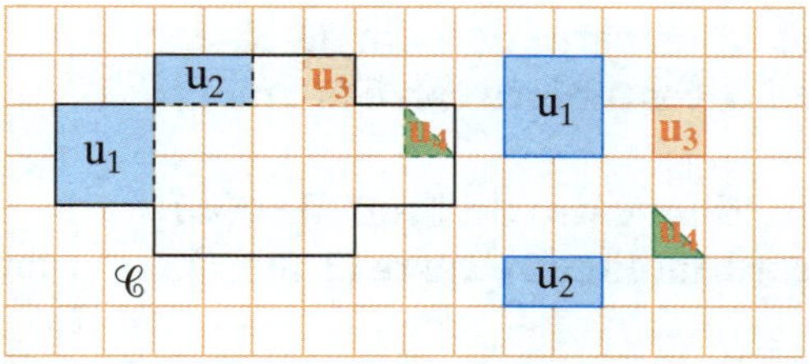

EN SAVOIR PLUS

La surface de la figure $\mathcal{F}$ peut s'écrire sous la forme de l'encadrement

$5u <$ aire de $\mathcal{F} < 19$.

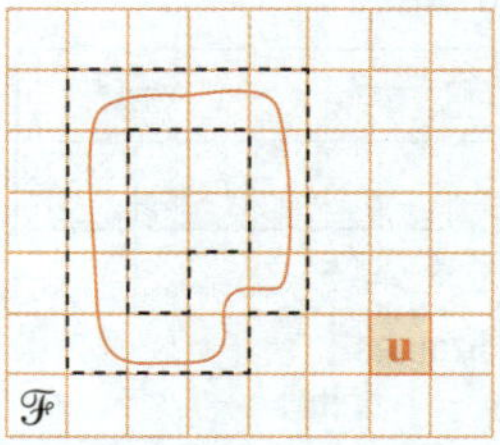

Elle peut également s'écrire sous la forme d'une **moyenne** des mesures de l'encadrement.

Aire moyenne de $\mathcal{F}$:

$$\frac{5 + 19}{2} = 12u.$$

UTILISER SES CONNAISSANCES

En prenant u *comme unité, exprimer l'aire de la figure* $\mathcal{D}$ *sous forme d'un encadrement.*

À l'intérieur de la figure :
4 u.
À l'intérieur du trait en pointillés :
25 u.

$4\,u <$ aire de $\mathcal{D} < 25\,u$.

Exprimer l'aire de la figure $\mathcal{E}$ *en prenant* u_1 *puis* u_2 *puis* u_3 *comme unité :*

Aire de $\mathcal{E} = 12\,u_1 = 24\,u_2 = 6\,u_3$.

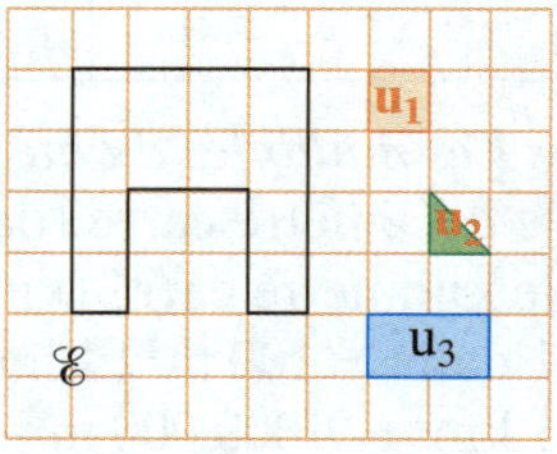

VOIR AUSSI :
Unités d'aires, 66

66

MESURE

UNITÉS D'AIRES

OUVRIR L'ŒIL

● Il faut **2 colonnes** (**unités** *et* **dizaines**) pour représenter chaque unité d'aire.

m^2		dm^2	
d	u	d	u

↑ dizaines ↑ unités

● Dans un tableau, il faut bien placer le chiffre des *unités* du nombre dans la colonne des unités (u).

dam^2		m^2	
d	u	d	u
	4	3	**7**

↑ chiffre des unités

● Les unités non employées sont remplacées par des zéros. Ainsi :
3 hm^2 et 15 m^2
= 3 hm^2 00 dam^2 15 m^2
= 30 015 m^2.

COMPRENDRE

(L'**aire** d'un carré est la mesure de sa **surface**.)

CM ● **Comment exprimer la surface d'un carré de 1 cm de côté ?**

La surface d'un carré de 1 cm de côté est égale à **1 centimètre carré** (1 cm^2).

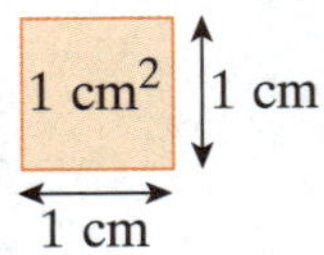

La surface d'un carré de 1 mm de côté est égale à **1 millimètre carré** (1 mm^2).

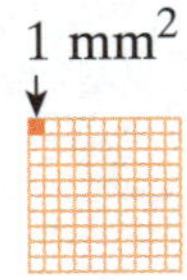

Dans 1 cm^2, on compte
$10 \times 10 = 100$ mm^2 ; 1 cm^2 = 100 mm^2.

APPRENDRE

CM ● **Quelles sont les unités de mesures d'aires ?**

Les unités de mesures d'aires sont :
le **mètre carré**, ses sous-multiples et ses multiples.

■ *Les sous-multiples du mètre carré sont :*
le décimètre carré (dm^2), le centimètre carré (cm^2), le millimètre carré (mm^2).

m^2		dm^2		cm^2		mm^2		
d	u	d	u	d	u	d	u	
	1	0	0					→ 1 m^2 = 100 dm^2
			1	0	0			→ 1 dm^2 = 100 cm^2
					1	0	0	→ 1 cm^2 = 100 mm^2

■ *Les multiples du mètre carré sont :*
le décamètre carré (dam^2), l'hectomètre carré (hm^2), le kilomètre carré (km^2). (Voir le tableau p. 147).
1 dam^2 = 100 m^2 ; 1 hm^2 = 10 000 m^2 ;
1 km^2 = 1 000 000 m^2.

Le côté de ce carré mesure 1 cm.
*L'***aire** *du carré est de* **1 cm²**
(on lit : ***un centimètre carré****).*

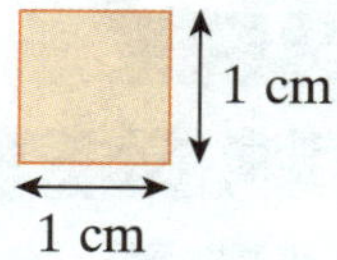

Comment convertir une mesure d'aire ?

On utilise un **tableau** de conversion. On place la mesure dans le tableau, puis on la transforme en la **multipliant** ou en la **divisant** par 100, 10 000…
Par exemple : 15 m^2 = …dam^2 ? …dm^2 ? …cm^2 ?
On place d'abord le **5**, chiffre des **unités**, dans la colonne correspondant aux unités de **m^2**.

km^2		hm^2		dam^2		m^2		dm^2		cm^2		mm^2		
						1	5							→ 5 : chiffre des unités
					0,	1	5							→ 0,15 dam^2
						1	5	0	0					→ 1 500 dm^2
						1	5	0	0	0	0			→ 150 000 cm^2

UTILISER SES CONNAISSANCES

Indiquer la bonne réponse :

5 cm^2 = → 50 mm^2 *;* 500 mm^2 *;* 5 000 mm^2 *?*
10 000 m^2 = → 100 dam^2 *;* 10 dam^2 *;* 1 000 dam^2 *?*

5 cm^2 = 500 mm^2. 10 000 m^2 = 100 dam^2.

Transformer selon l'unité indiquée :

en m^2 *:* 36 dam^2 *;* 25 dm^2.
en cm^2 *:* 7,51 dm^2 *;* 816 mm^2.
en dam^2 *:* 6 000 m^2 *;* 1 km^2 21 dam^2.
en km^2 *:* 8,20 hm^2 *;* 43 000 dam^2.

36 dam^2 = 3 600 m^2 ; 25 dm^2 = 0,25 m^2.
7,51 dm^2 = 751 cm^2 ; 816 mm^2 = 8,16 cm^2.
6 000 m^2 = 60 dam^2 ; 1 km^2 21 dam^2 = 10 021 dam^2.
8,20 hm^2 = 0,0820 km^2 ; 43 000 dam^2 = 4,30 km^2.

EN SAVOIR PLUS

Pour exprimer l'aire des terrains agricoles (bois, champs…), on utilise des unités de mesures agraires :
– le **centiare** (ca)
1 ca = 1 m^2.
– l'**are** (a)
1 a = 100 m^2
= 1 dam^2.
– l'**hectare** (ha)
1 ha = 10 000 m^2
= 1 hm^2.

hm^2		dam^2		m^2	
ha		a		ca	
d	u	d	u	d	u

VOIR AUSSI :
Les mesures de longueurs (1) et (2), 60, 61
La multiplication par 10, 100, 1 000, 23
La division par 10, 100, 1 000, 30

67

MESURE

AIRE DU RECTANGLE AIRE DU CARRÉ

COMPRENDRE

CM ● Comment calculer l'aire du rectangle ABCD ?

Les côtés du rectangle ABCD sont mesurés en cm.
La longueur mesure 4 cm et la largeur 2 cm.

■ On réalise un **quadrillage** du rectangle. Chaque carreau est un carré de 1 cm de côté.

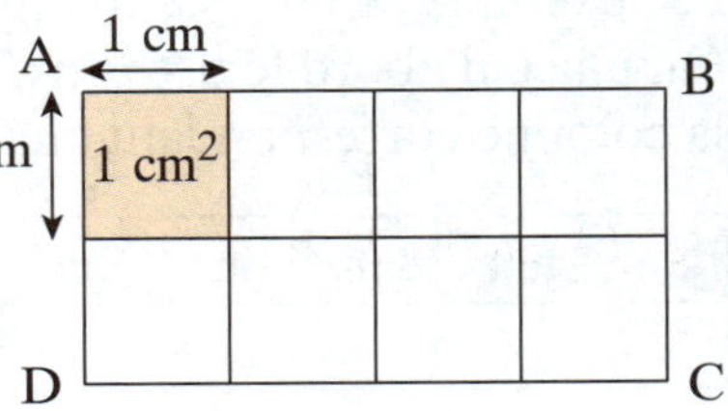

L'aire d'un carreau est donc de $1 \times 1 =$ **1 cm²**.

■ On compte le nombre de carreaux nécessaires pour recouvrir parfaitement le rectangle ABCD.
Il faut 2 rangées de 4 carreaux.
(2 ↑ largeur ; 4 ↑ longueur)

Il faut donc $4 \times 2 = 8$ carreaux pour recouvrir entièrement le rectangle ABCD.
Son aire mesure $4 \times 2 = 8$ (cm²).

Aire du rectangle = largeur × longueur.

CM ● Comment calculer l'aire d'un carré ?

On procède de la même manière que pour le rectangle.
Le carré mesure 3 cm de côté.
Le nombre de carreaux étant identique dans les deux sens, on peut écrire qu'il faut 3 rangées de 3 carreaux pour recouvrir entièrement le carré.

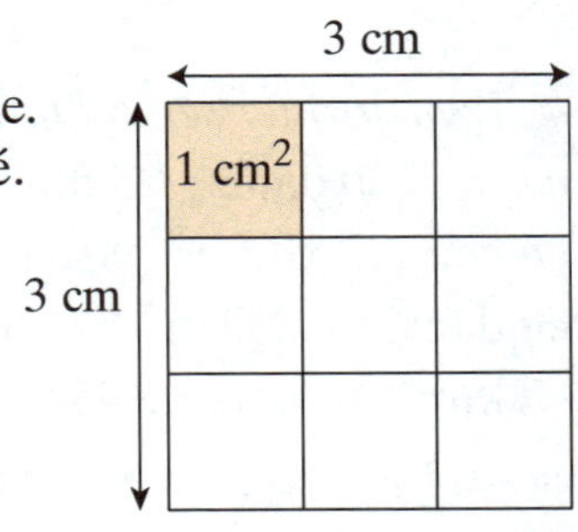

Sa surface mesure $3 \times 3 = 9$ (cm²).

Aire du carré = côté × côté.

OUVRIR L'ŒIL

● Attention aux unités !
La longueur et la largeur doivent être exprimées avec la **même** unité.
Si ce n'est pas le cas, il faut effectuer une conversion avant de faire les calculs.
Les unités d'aire et de longueur se correspondent :
cm et cm², m et m², mm et mm².

● Il faut savoir retrouver ces formules :
Rectangle
aire = longueur × largeur.
Carré
aire = côté × côté.

Le rectangle ABCD
a une longueur de 4 cm,
et une largeur de 2 cm.
*Son **aire** mesure* **8 cm²**.

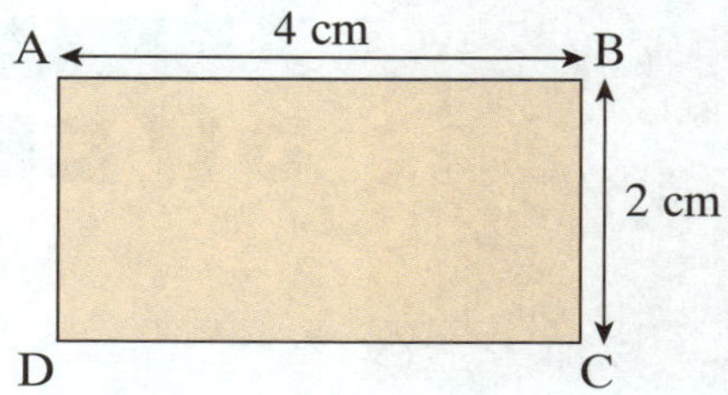

APPRENDRE

CM ● **Comment calculer la longueur (ou la largeur) d'un rectangle connaissant son aire et sa largeur (ou sa longueur) ?**

Lorsque l'on connaît une dimension du rectangle et son aire on peut connaître l'autre dimension en **divisant** la surface par la dimension connue. Ainsi un rectangle de 9 m de long et dont l'aire mesure 45 m² a pour largeur : $45 : 9 = 5$ (m) .

UTILISER SES CONNAISSANCES

● *Calculer (en* m²*) l'aire d'un rectangle de* 13 m *de long et de* 7 m *de large. Convertir cette aire en* dm².

Son aire est : $13 \times 7 = 91$ (m²) . 91 m² = 9 100 dm² .

● *Ce schéma est celui d'un jardin avec un bassin. Calculer, en* m², *l'aire de la pelouse qui entoure le bassin.*

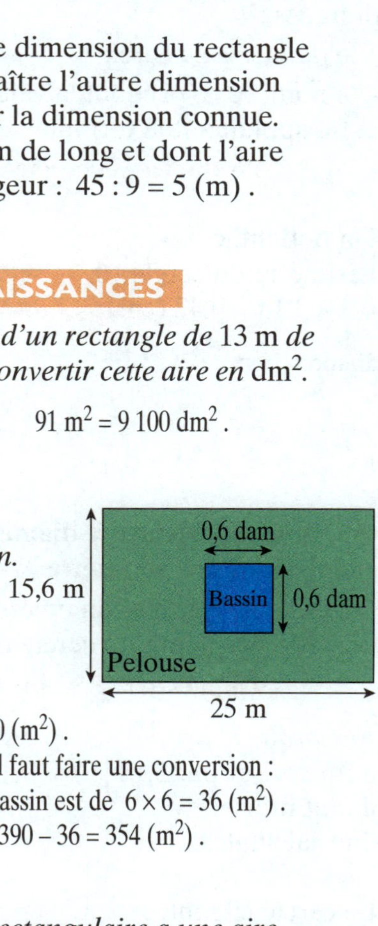

Aire du jardin : $25 \times 15{,}6 = 390$ (m²) .
Pour calculer l'aire du bassin, il faut faire une conversion :
0,6 dam = 6 m, donc l'aire du bassin est de $6 \times 6 = 36$ (m²) .
L'aire de la pelouse est donc : $390 - 36 = 354$ (m²) .

● *Une feuille de papier rectangulaire a une aire de* 623,70 cm² *et une largeur de* 21 cm. *Quelle est sa longueur (en* cm*) ?*

La longueur de la feuille est : $623{,}70 : 21 = 29{,}7$ (cm)

EN SAVOIR PLUS

● Il est souvent difficile de calculer le côté d'un carré connaissant son aire.
C'est toutefois possible dans certains cas.
Exemples :
une aire de 25 cm² se décompose en $25 = 5 \times 5$, ce qui donne un côté de 5 cm.
une aire de 64 m² se décompose en $64 = 8 \times 8$, ce qui donne un côté de 8 m.

● Pour mesurer de grandes superficies, on utilise des unités telles l'**are** (a) et l'**hectare** (ha).
1 a = 1 dam² = 100 m².
1 ha = 100 a = 1 hm².
= 10 000 m².

VOIR AUSSI :
Mesures d'aires, encadrements, 65
Unités d'aires, 66

68 MESURE

PÉRIMÈTRE DU CERCLE

COMPRENDRE

CM **● Comment calculer le périmètre du cercle $\mathscr{C}$?**

On calcule le périmètre du cercle $\mathscr{C}$ à l'aide de deux données :

– le *diamètre* du cercle,

– le nombre π (pi) dont la valeur approchée est 3,14

et en appliquant la formule :

Périmètre du cercle = diamètre × π .

On obtient ici :

Périmètre du cercle $\mathscr{C}$

= 3 × 3,14 = 9,42 (cm) .

↑ diamètre ↖ π

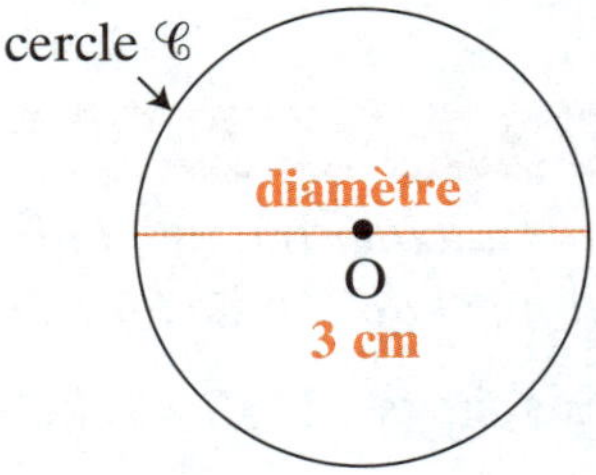

CM **● Comment calculer le diamètre d'un cercle connaissant son périmètre ?**

On effectue l'opération inverse, c'est -à-dire que l'on divise le périmètre du cercle par π (pi) = 3,14 .

Diamètre = Périmètre du cercle : π .

Remarque :

pour diviser par 3,14

il faut utiliser

une calculatrice.

Le cercle ci-contre

a un périmètre de 12,56 cm.

Son diamètre mesure :

12,56 : 3,14 = 4 (cm) .

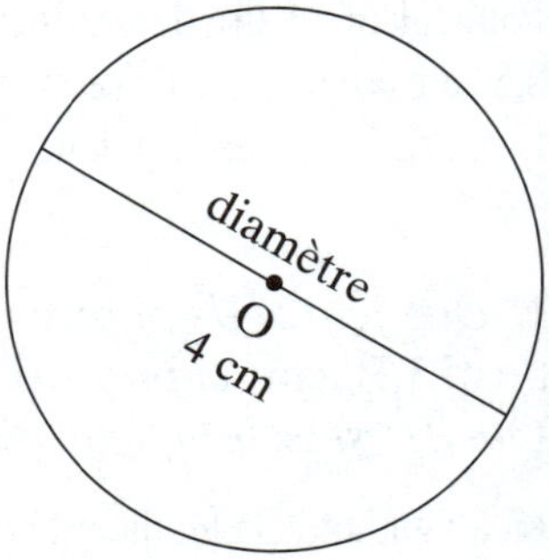

OUVRIR L'ŒIL

● Le périmètre d'un cercle s'appelle aussi **circonférence**.

● Attention ! Pour calculer le **périmètre** d'un cercle on utilise son **diamètre**, et non son rayon. (Si on connaît le rayon d'un cercle, il suffit de multiplier sa mesure par 2 pour obtenir son diamètre.)

Le cercle 𝒞, de centre O *, a un diamètre de* 3 cm.
***Son périmètre mesure* 9,42 cm.**

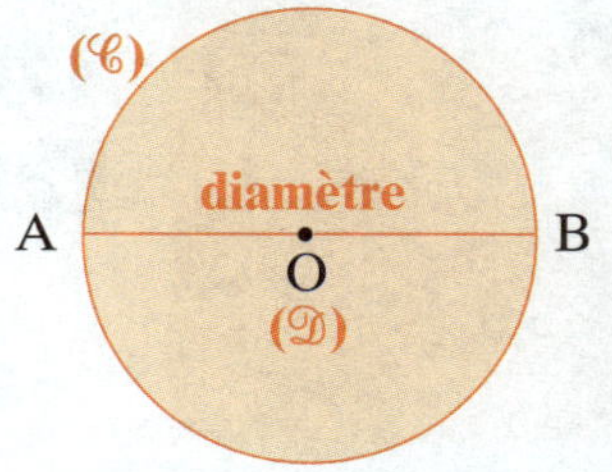

UTILISER SES CONNAISSANCES

● *Calculer le périmètre d'un cercle*
a) de 7 cm *de diamètre ;*
b) de 2,5 cm *de rayon.*

a) $7 \times 3{,}14 = 21{,}98$ (cm).
b) Le diamètre de ce cercle est : $2{,}5 \times 2 = 5$ (cm),
et le périmètre est : $5 \times 3{,}14 = 15{,}7$ (cm).

● *La roue d'une bicyclette a un diamètre de* 65 cm.
Quelle est la distance parcourue en 10 *tours de roue ?*

Le périmètre de la roue donne la distance parcourue en 1 tour :
$65 \times 3{,}14 = 204{,}1$ (cm).
En 10 tours, la distance parcourue est :
$204{,}1 \times 10 = 2\,041$ (cm) soit 20,41 (m).

● *Voici le plan d'un stade avec ses dimensions.*
Calculer la largeur de ce stade sachant qu'il a un périmètre de 400 m. *(Arrondis le résultat au* dm.*)*

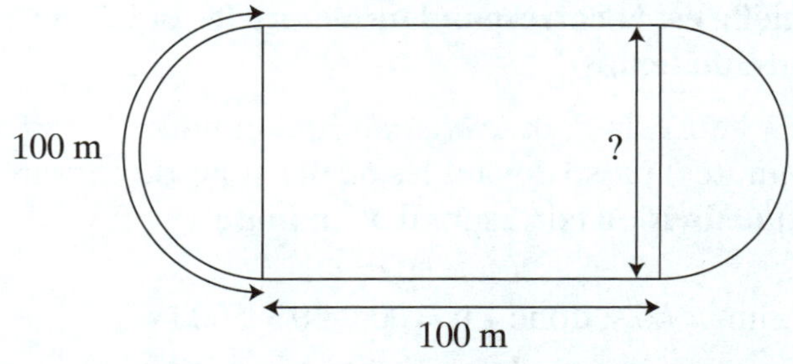

Si on réunit les 2 demi-cercles, on obtient un cercle dont le périmètre est : $400 - (100 \times 2) = 200$ (m).
La largeur du terrain est égale au diamètre du cercle.
Elle mesure : $200 : 3{,}14 = 63{,}7$ (m).

EN SAVOIR PLUS

● **π** (pi) est une lettre de l'alphabet grec.
C'est la première lettre du mot grec signifiant **circonférence.**

● La valeur approchée de π est 3,14159265…
mais, à l'école, on utilise la valeur 3,14
ou la fraction $\frac{22}{7}$.

VOIR AUSSI :
Le cercle et le disque, 52
Mesures de longueurs (1) et (2), 60-61

69 Mesure

UNITÉS DE MESURE DE DURÉES

COMPRENDRE

CE2 ● **Comment transformer 4 minutes en 22 secondes ?**

La *trotteuse* est l'aiguille qui indique **les secondes** (s). Chaque seconde correspond à 1 division du cadran.

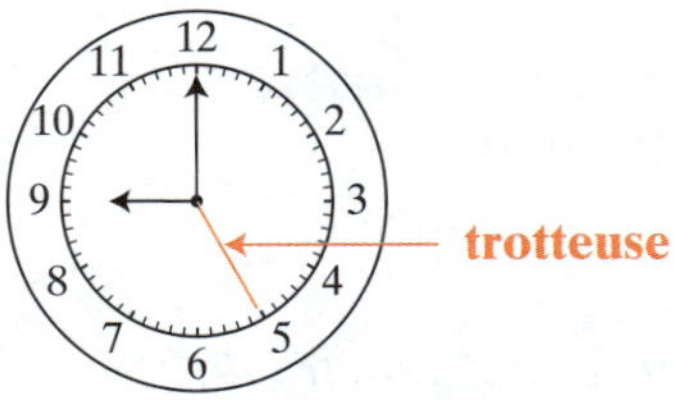

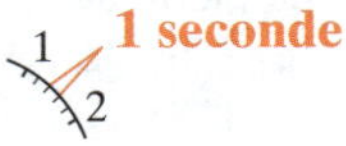

En 1 min, la trotteuse passe devant les 60 divisions du cadran.

1 min = 60 s .

Ainsi 4 minutes et 22 secondes s'écrivent :
4 min = 4 fois 60 secondes = 60×4 = 240 s ,
4 min et 22 s = 240 s + 22 s = 262 s .

OUVRIR L'ŒIL

● L'*heure*, la *minute* et la *seconde* font partie d'un système *sexagésimal* : on passe d'une unité à l'unité voisine en multipliant ou en divisant par **60** , car
1 h = 60 min
1 min = 60 s .

APPRENDRE

CE2 ● **Quelle est la correspondance entre les unités de mesure du temps ?**

■ En **1** heure, la *grande aiguille* (qui indique les minutes) passe devant les 60 divisions du cadran. Chaque **division** correspond à 1 **minute**.

1 h = 60 min .

Or 1 min = 60 s, donc 1 h = 60×60 = 3600 s.

1 h = 3 600 s .

■ En **1** jour, la *petite aiguille* (qui indique les heures) fait **2** fois le tour du cadran :

1 j = 24 h .

Il faut 4 minutes *et* 22 secondes *à Sabine pour faire deux tours du stade.*
Ces **4 minutes *et* 22 secondes** *représentent* **262 secondes**.

CM ● Comment effectuer des conversions ?

■ *Heures et minutes en minutes :*
3 h 15 min = (60 min × 3) + 15 min
= 180 min + 15 min = 195 min .

■ *Heures, minutes et secondes en secondes :*
2 h 9 min 12 s = (3 600 s × 2) + (60 s × 9) + 12 s
= 7 200 s + 540 s + 12 s = 7 752 s .

■ *Minutes en heures et minutes :*
Combien d'heures et de minutes représentent 274 minutes ?
On cherche le nombre d'heures en divisant 274 par 60.

	274	60	← **nombre de minutes dans une heure**
minutes restantes →	34	4	
		↖ **heures**	

274 min = 4 h et 34 min.

UTILISER SES CONNAISSANCES

CE2 ● *Exprimer en secondes :*
12 min 35 s ; 2 h 10 min 24 s .

12 min 35 s = (60 s × 12) + 35 s = 755 s .
2 h 10 min 24 s = (3 600 s × 2) + (60 s × 10) + 24 s = 7 824 s .

CM ● *Convertir selon les unités indiquées :*
3 j 5 h = … h ; 100 h = … j … h .

3 j 5 h = (24 h × 3) + 5 h = 72 h + 5 h = 77 h .
100 h = 100 : 24 = 4 reste 4 soit 4 j 4 h .

CM ● *Écrire* 529 min *en heures et en minutes :*

529	60
49	8

529 min = 8 h 49 min.

EN SAVOIR PLUS

● Il est possible, dans certains cas, de convertir un nombre *sexagésimal* en un nombre décimal.
Ainsi :

3 h 30 min
$\left(30 \text{ min} = \frac{1}{2} \text{ h} = 0,5 \text{ h}\right)$
→ 3 h 30 min = 3,5 h .

3 h 15 min
$\left(15 \text{ min} = \frac{1}{4} \text{ h} = 0,25 \text{ h}\right)$
→ 3 h 15 min = 3,25 h .

3 h 45 min
$\left(45 \text{ min} = \frac{3}{4} \text{ h} = 0,75 \text{ h}\right)$
→ 3 h 45 min = 3,75 h .

VOIR AUSSI :
Addition de mesures de durées, 70
Soustraction de mesures de durées, 71

70
MESURE

ADDITION DE MESURES DE DURÉES

COMPRENDRE

CM ● **Comment trouver 7 h 50 min 55 s ?**

En effectuant l'addition
3 h 38 min 25 s + 4 h 12 min 30 s.

CM ● **Comment effectuer cette addition ?**

■ *Étape* 1

On additionne les secondes : 25 s + 30 s = 55 s .

■ *Étape* 2

On additionne les minutes : 38 min + 12 min = 50 min .

■ *Étape* 3

On additionne les heures : 3 h + 4 h = 7 h .

3 h 38 min 25 s
+ 4 h 12 min 30 s
7 h 50 min 55 s ← résultat

OUVRIR L'ŒIL

● Les additions des *heures, minutes* ou *secondes* doivent être effectuées **séparément**. On doit commencer par additionner les unités **les plus petites**. Il ne faut **jamais** porter de retenue d'une unité à l'autre.

APPRENDRE

CM ● **Comment procéder lorsque le total des secondes est égal ou supérieur à 60 ?**

On veut additionner 12 min 38 s et 25 min 49 s.
On additionne séparément les minutes et les secondes :

12 min	38 s	
+ 25 min	49 s	
37 min	87 s	On retranche 60 s à 87 s .
+ 1 min	− 60 s	← On transforme les 60 s en 1 min .
38 min	27 s	On ajoute 1 min à 37 min .

On a retranché **60 s** au total des secondes et ajouté **1 min** au total des minutes.

Une course cycliste comporte deux étapes.
Un coureur a mis 3 h 38 min 25 s
pour parcourir la 1re *étape*
et 4 h 12 min 30 s *pour parcourir la seconde.*
Il a effectué la ***totalité de la course***
en **7 h 50 min et 55 s**.

CM **Comment procéder lorsque le total des minutes est égal ou supérieur à 60 ?**

On veut additionner 5 h 27 min et 2 h 51 min.
On additionne séparément les heures et les minutes :

5 h	27 min
+ 2 h	51 min
7 h	78 min
+ 1 h	− 60 min
8 h	18 min

← On retranche 60 min à 78 min. On transforme les 60 min en 1 h. On ajoute 1 h à 7 h.

On a retranché **60 min** au total des minutes et ajouté **1 h** au total des heures.

UTILISER SES CONNAISSANCES

Compléter les égalités :

6 h 76 min = 7 h … min ; 5 min 85 s = … min 25 s.

6 h 76 min = 7 h 16 min ; 5 min 85 s = 6 min 25 s.

Poser et effectuer :

3 h 15 min 17 s + 7 h 24 min 58 s + 2 h 13 min 5 s.
10 h 48 min 54 s + 8 h 25 min 43 s.

3 h	15 min	17 s
+ 7 h	24 min	58 s
+ 2 h	13 min	5 s
12 h	52 min	80 s
	+ 1 min	− 60 s
= 12 h	53 min	20 s

10 h	48 min	54 s
+ 8 h	25 min	43 s
= 18 h	73 min	97 s
	+ 1 min	− 60 s
= 18 h	74 min	37 s
+ 1 h	− 60 min	
19 h	14 min	37 s

EN SAVOIR PLUS

Lors d'une addition de mesures de durées, le total des minutes ou des secondes peut être égal ou supérieur à 120 ; il faut alors **diviser par 60**.
Ainsi :

3 h	45 min
+ 4 h	34 min
+ 5 h	57 min
= 12 h	136 min

1 3 6	6 0
1 6	2

136 min = 2 h 16 min.

12 h 136 min
= 14 h 16 min.

VOIR AUSSI :
Unités de mesure de durées, 69
Soustraction de mesures de durées, 71

71

MESURE

SOUSTRACTION DE MESURES DE DURÉES

COMPRENDRE

CM ● **Comment trouver 7 h 15 min ?**

Pour connaître la durée du trajet de l'automobiliste, on effectue la **soustraction** : 17 h 45 min – 10 h 30 min .
On pose l'opération :

17 h	45 min
– 10 h	30 min
7 h	15 min

On soustrait les minutes entre elles, puis les heures entre elles.

17 h 45 min – 10 h 30 min = 7 h 15 min .

APPRENDRE

CM ● **Comment procéder lorsque la soustraction des minutes n'est pas possible ?**

On veut effectuer 18 h 30 min – 16 h 47 min.
On pose l'opération puis on l'effectue :

18 h 30 min
– 16 h 47 min

On ne peut effectuer la soustraction car $47 > 30$.

On **transforme** l'écriture de 18 h 30 min.

– 1 h → + 60 min

18 h	30 min
– 16 h	47 min

devient →

17 h	90 min
– 16 h	47 min
1 h	43 min

On a retranché **1 h** aux heures et ajouté **60 min** aux minutes.
18 h 30 min – 16 h 47 min = 1 h 43 min .

OUVRIR L'ŒIL

● Les soustractions : d'*heures*, de *minutes*, de secondes, doivent être effectuées **séparément**. On doit commencer par soustraire les unités **les plus petites**.

● Si l'on annonce qu'un avion, qui devait arriver à 17 h 30, a 25 min de retard, il faudra, pour calculer son heure d'arrivée, faire une **addition** :
17 h 30 + 0 h 25 = 17 h 55.
Si, inversement, on annonce que ce même avion a 25 min d'avance, il faudra faire une **soustraction** :
17 h 30 – 0 h 25 = 17 h 05.

Un automobiliste quitte Paris à 10 h 30 min. *Il arrive à Lyon à* 17 h 45 min.
***Son voyage a duré* 7 h 15 min.**

CM

Comment procède-t-on lorsque la soustraction des secondes n'est pas possible ?

On pose l'opération :

	24 min	32 s
–	7 min	49 s

On transforme l'écriture de 24 min 32 s puis on effectue l'opération :

– (1 min) + (60 s)

			devient →			
	24 min	32 s			23 min	92 s
–	7 min	49 s		–	7 min	49 s
					16 min	43 s

On a retranché **1 min** aux minutes et ajouté **60 s** aux secondes.
24 min 32 s – 7min 49 s = 16 min 43 s .

UTILISER SES CONNAISSANCES

● *Poser et effectuer :* 4 h 36 min – 1 h 50 min *;*
12 min – 5 min 45 s .

– (1 h) + (60 min)
4 h 36 min = 3 h 96 min

	3 h	96 min
–	1 h	50 min
	2 h	46 min

– (1 min) + (60 s)
12 min = 11 min 60 s

	11 min	60 s
–	5 min	45 s
	6 min	15 s

● *Un coureur cycliste franchit la ligne de départ à* 14 h 14 min 53 s. *Il franchit la ligne d'arrivée à* 16 h 9 min 21 s. *Quelle a été la durée de sa course ?*

Le cycliste a mis 16 h 9 min 21 s – 14 h 14 min 53 s pour parcourir l'étape.

– (1 h) + (60 min) – (1 min) + (60 s)
16 h 9 min 21 s = 15 h 69 min 21 s = 15 h 68 min 81 s .
15 h 68 min 81 s – 14 h 14 min 53 s = **1 h 54 min 28 s** .

EN SAVOIR PLUS

● Pour calculer la durée d'un voyage de nuit, il faut d'abord calculer la durée du voyage **avant minuit** puis l'ajouter à la durée du voyage **après minuit**.
Par exemple, un train part à 22 h 45 et arrive le lendemain à 11 h 47 .

– Jusqu'à minuit :
24 h – 22 h 45 = 1 h 15 .

– Après minuit :
11 h 47 .

– Durée totale du voyage :
1 h 15 + 11 h 47
= 12 h 62
= 13 h 02 .

VOIR AUSSI :
Unités de mesure de durées, 69
Addition de mesures de durées, 70

Vers le collège

72

VERS LE COLLÈGE
Nombres

DIVISIBILITÉ PAR 3 ET PAR 9

OUVRIR L'ŒIL

- Un nombre divisible par 9 est *aussi* divisible par 3.
Par exemple :
9 ; 18 ; 27 ; 36 …
(somme des chiffres = 9).
sont divisibles par 3

- Un nombre divisible par 3 *n'est pas obligatoirement divisible* par 9.
3 ; 6 ; 12 ; 15 sont divisibles par 3 mais ne sont pas divisibles par 9.

- Pour qu'un nombre soit divisible par 2, par 5, par 3 et par 9, il faut qu'il se termine par **0** et que la somme de ses chiffres soit égale à **9**.
90, 180, 2 700, sont divisibles par 2, 5, 3 et 9.

COMPRENDRE

- **Pourquoi les élèves ont-ils été groupés par 3 ?**

$24 : 3 = 8$; reste 0
$24 : 9 = 2$; reste 6 .

Tous les élèves peuvent être groupés par 3 (reste 0), mais non par 9 (reste 6).

APPRENDRE

- **Comment voir qu'un nombre est divisible par 3 ?**

	multiples de 3, donc divisibles par 3	somme des chiffres du nombre	
$3 \times 1 =$	3	3	
$3 \times 2 =$	6	6	
$3 \times 3 =$	9	9	
$3 \times 4 =$	12	3	$(1 + 2)$
$3 \times 5 =$	15	6	$(1 + 5)$
$3 \times 6 =$	18	9	$(1 + 8)$

La somme des chiffres des multiples de 3 est toujours 3, 6 ou 9 (ou un autre multiple de 3).

Exemple : 15 → $1 + 5 = 6$.

Un nombre est divisible par 3 quand la somme de ses chiffres est 3, 6 ou 9 (ou un autre multiple de 3).

- **Comment voir qu'un nombre est divisible par 9 ?**

	multiples de 9, donc divisibles par 9	somme des chiffres du nombre	
$9 \times 1 =$	9	9	
$9 \times 2 =$	18	9	$(1 + 8)$
$9 \times 3 =$	27	9	$(2 + 7)$
$9 \times 4 =$	36	9	$(3 + 6)$
$9 \times 5 =$	45	9	$(4 + 5)$
$9 \times 6 =$	54	9	$(5 + 4)$

Une classe est formée de 24 élèves. La maîtresse veut constituer des équipes ayant toutes le même nombre d'élèves.
*Elle a réussi à **grouper les élèves par 3**, **mais pas par 9**.*

La somme des chiffres des multiples de 9 est toujours 9 (ou un multiple de 9).
Exemple : 36 → 3 + 6 = 9 .
Un nombre est divisible par 9 quand la somme de ses chiffres est 9 (ou un multiple de 9).

EN SAVOIR PLUS

Le reste de la division d'un nombre par 9 est égal à la somme de ses chiffres.
Exemple :
17 : 9 = 1 ; reste 8
somme des chiffres de 17 :
1 + 7 = 8 .

UTILISER SES CONNAISSANCES

● *Quels sont les nombres divisibles par 3, compris entre 85 et 110 ?*

	87	90	93	96	99	102	105	108 .
	↓	↓	↓	↓	↓	↓	↓	↓
Total des chiffres :	6	9	3	6	9	3	6	9

● *Dans la liste suivante, souligner les nombres divisibles par 9 :*
90 ; 99 ; 999 ; 350 ; 351 ; 465 ; 468 ; 4 680 .

	90	99	999	351	468	4 680 .
	↓	↓	↓	↓	↓	↓
Total des chiffres :	9	9	9	9	9	9

● *Dans la liste suivante, entourer les nombres qui sont divisibles à la fois par 3 et par 9 :*
85 ; 172 ; 300 ; 666 ; 900 ; 963 ; 999 ; 9 990 ; 2 450 .

	666	900	963	999	9 990 .
	↓	↓	↓	↓	↓
Total des chiffres :	9	9	9	9	9

Le total des chiffres étant 9, ces nombres sont divisibles par 3 et par 9.

VOIR AUSSI :
Multiples et diviseurs, 7
Divisibilité par 2 et par 5, 8

73

VERS LE COLLÈGE

Calcul

ADDITION ET SOUSTRACTION DE FRACTIONS

COMPRENDRE

CM2 ● **Comment additionner des fractions ?**

Arrivée devant chez Frédéric, Aurélie a fait :

1 septième + 2 septièmes = 3 septièmes du trajet

ou : $\frac{1}{7} + \frac{2}{7} = \frac{(1+2)}{7} = \frac{3}{7}$ (du trajet).

Pour additionner deux fractions, il faut qu'elles aient le même dénominateur. On *additionne* les numérateurs et on *garde* le dénominateur.

CM2 ● **Comment soustraire des fractions ?**

Le trajet total de la maison à l'école est : 1 ou $\frac{7}{7}$.

Arrivée devant chez Frédéric, Aurélie doit encore parcourir :

7 septièmes – 3 septièmes = 4 septièmes du trajet

ou : $\frac{7}{7} - \frac{3}{7} = \frac{4}{7}$ (du trajet).

Pour soustraire deux fractions, il faut qu'elles aient le *même* dénominateur. On *soustrait* les numérateurs et on *garde* le dénominateur.

APPRENDRE

CM2 ● **Comment réduire des fractions au même dénominateur ?**

On ne peut additionner ou soustraire des fractions ayant des dénominateurs **différents**.

Pour additionner 3 septièmes $\left(\frac{3}{7}\right)$ et 4 cinquièmes $\left(\frac{4}{5}\right)$, il faut **réduire** ces deux fractions au **même dénominateur**.

OUVRIR L'ŒIL

On peut parfois réduire deux fractions au même dénominateur **sans multiplier** les deux termes de chaque fraction par le dénominateur de l'autre. C'est le cas lorsque l'un des dénominateurs est un **multiple** de l'autre.

Ainsi pour $\frac{2}{3}$ et $\frac{5}{6}$, inutile de réduire à $\frac{12}{18}$ et $\frac{15}{18}$; il suffit de faire :

$$\frac{2}{3} \times \frac{2}{2} = \frac{4}{6},$$

car 6 est un multiple de 3.

Aurélie va à l'école. Lorsqu'elle arrive devant chez Barbara, elle a fait $\frac{1}{7}$ *du parcours. Le trajet de chez Barbara à la maison de Frédéric représente les* $\frac{2}{7}$ *du trajet total. Arrivée chez Frédéric, Aurélie a parcouru* $\frac{3}{7}$ *du trajet et* ***il lui reste*** $\mathbf{\frac{4}{7}}$ ***du chemin à faire.***

Pour réduire deux fractions au même dénominateur, on multiplie d'abord les **deux termes** de chaque fraction par le **dénominateur** de l'autre :

$$\frac{3 \times \mathbf{5}}{7 \times \mathbf{5}} = \frac{15}{35}\ ; \quad \frac{4 \times \mathbf{7}}{5 \times \mathbf{7}} = \frac{28}{35}.$$

Après cette transformation, il est alors possible d'additionner les deux fractions :

$$\frac{15}{35} + \frac{28}{35} = \frac{43}{35}.$$

UTILISER SES CONNAISSANCES

- *Effectuer :*

$\frac{3}{5} + \frac{2}{5} = ...\ ;$ $\quad \frac{9}{7} + \frac{3}{7} = ...\ ;$ $\quad \frac{41}{1\,000} - \frac{18}{1\,000} = ...$

$\frac{3}{5} + \frac{2}{5} = \frac{5}{5} = 1\ ;$ $\quad \frac{9}{7} + \frac{3}{7} = \frac{12}{7}\ ;$ $\quad \frac{41}{1\,000} - \frac{18}{1\,000} = \frac{23}{1\,000}.$

- *Réduire au même dénominateur, puis effectuer :*

$\frac{3}{8} + \frac{2}{9} = ... \longrightarrow \frac{27}{72} + \frac{16}{72} = \frac{43}{72};$

$\frac{17}{7} - \frac{3}{5} = ... \longrightarrow \frac{85}{35} - \frac{21}{35} = \frac{64}{35}.$

- *Calculer :* $1 + \frac{6}{11}$; $1 - \frac{3}{8}$.

$1 = \frac{11}{11} \longrightarrow \frac{11}{11} + \frac{6}{11} = \frac{17}{11};$ $\quad 1 = \frac{8}{8} \longrightarrow \frac{8}{8} - \frac{3}{8} = \frac{5}{8}.$

EN SAVOIR PLUS

De même que l'on peut additionner deux fractions, on peut aussi en additionner trois, quatre, cinq… à condition de les **réduire au même dénominateur** préalablement.

$\frac{1}{2} + \frac{2}{3} + \frac{5}{6} + \frac{3}{4} =$

$\frac{12}{24} + \frac{16}{24} + \frac{20}{24} + \frac{18}{24} =$

$\frac{66}{24} = \frac{33}{12} = \frac{11}{4}.$

VOIR AUSSI :
Les fractions (1) présentation, 9
Les fractions (2) comparaison, 10

74
VERS LE COLLÈGE
Calcul

MULTIPLICATION DE DEUX NOMBRES DÉCIMAUX

COMPRENDRE

CM2 ● **Comment trouver la dépense pour le rôti ?**

On trouve la dépense en effectuant la **multiplication**

$$14{,}75 \times 1{,}4$$

14,75 : prix du kg — 1,4 : masse du rôti en kg

CM2 ● **Comment multiplier deux nombres décimaux ?**

■ *Étape* 1

On pose la multiplication.

```
  14,75
×   1,4
```

■ *Étape* 2

On effectue la multiplication **sans tenir compte des virgules**.

$1\,475 \times 14 = 20\,650$.

■ *Étape* 3

On place la virgule du résultat de façon qu'il y ait **autant** de chiffres dans sa partie décimale qu'il y en a, **en tout**, dans la partie décimale du *multiplicande* et dans celle du *multiplicateur*.

```
  14,75    ← partie décimale : 2 chiffres
×   1,4    ← partie décimale : 1 chiffre
   5900
  1475.
 20,650    ← partie décimale : 2 + 1 = 3 chiffres
```

■ *Étape* 4

On supprime le zéro inutile.

$20{,}65\not{0} = 20{,}65$.

OUVRIR L'ŒIL

Lorsque la partie décimale d'un nombre comporte un ou plusieurs *zéros inutiles*, il faut les supprimer avant d'effectuer le calcul.

Exemple :

```
  35,75Ø ← zéro inutile
×     43
   10725
  14300.
 1537,25
```

2 chiffres dans la partie décimale

Mme Dulac a acheté un rôti pesant 1,4 kg *à* 14,75 € *le* kg.
Pour cela, ***elle a dépensé 20,65 €***.

APPRENDRE

CM2 ● **Que se passe-t-il lorsque l'on multiplie un nombre décimal par un nombre inférieur à 1 ?**

Lorsqu'on multiplie un nombre décimal par un nombre inférieur à 1, le produit est **inférieur** au multiplicande.

On effectue : $65{,}7 \times 0{,}34$.

$(0{,}34 < 1)$

```
    65,7
  × 0,34
  ------
    2628
   1971.
  ------
  22,338
```

Le produit 22,338 est inférieur au multiplicande 65,7.

UTILISER SES CONNAISSANCES

● *Placer les virgules oubliées :*

$91{,}6 \times 3{,}2 = 29312$ → $91{,}6 \times 3{,}2 = 293{,}12$

$28{,}4 \times 613 = 174{,}092$. → $28{,}4 \times 6{,}13 = 174{,}092$.

● *Poser et effectuer :*

$14{,}2 \times 9{,}8$

$5{,}31 \times 7{,}4$

→

```
   14,2       5,31
 ×  9,8     ×  7,4
 ------     ------
   1136       2124
  1278.      3717.
 ------     ------
 139,16     39,294
```

● *Cocher les multiplications dont le produit est inférieur à* 16,5 *:*

$16{,}5 \times 4{,}1$ ☐ $16{,}5 \times 0{,}41$ ☐ $16{,}5 \times 0{,}041$ ☐

$16{,}5 \times 0{,}41 < 16{,}5$; $16{,}5 \times 0{,}041 < 16{,}5$.

● *Pierre achète* 2,5 kg *de pommes à* 1,80 € *le* kg *et* 0,9 kg *de pêches à* 2,50 € *le* kg. *Quelle est sa dépense ?*

Dépense pour les pommes : $1{,}80 \times 2{,}5 = 4{,}50$ (€).
Dépense pour les pêches : $2{,}50 \times 0{,}9 = 2{,}25$ (€).
Dépense totale : $4{,}50 + 2{,}25 = 6{,}75$ (€).

EN SAVOIR PLUS

On peut évaluer l'**ordre de grandeur** d'une multiplication de deux nombres décimaux en multipliant les **valeurs approchées** de ces deux nombres arrondies à l'unité.

Exemple : $16{,}2 \times 4{,}9$.
– 16,2 est arrondi à 16
– 4,9 est arrondi à 5.

Ordre de grandeur :
$16 \times 5 = 80$.

Résultat exact :
$16{,}2 \times 4{,}9 = 79{,}38$.

VOIR AUSSI :
Valeurs approchées, encadrement, 5
La multiplication d'un nombre décimal par un nombre entier, 26

75 Vers le collège — Géométrie

LES POLYGONES

OUVRIR L'ŒIL

Un *segment de droite* est limité à ses deux extrémités.

segment de droite [AB]

Cette figure n'est pas un polygone : tous les côtés ne sont pas des segments de droite.

COMPRENDRE

CM2 ● Qu'est-ce qu'un polygone ?

Un **polygone** est une figure géométrique plane et fermée, limitée par plusieurs *segments de droites* qui forment ses côtés.

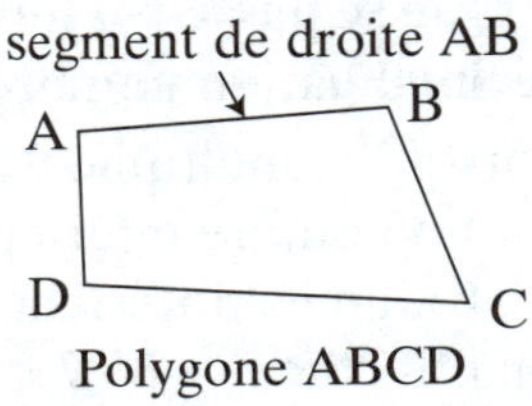

Un polygone possède plusieurs angles et plusieurs sommets.

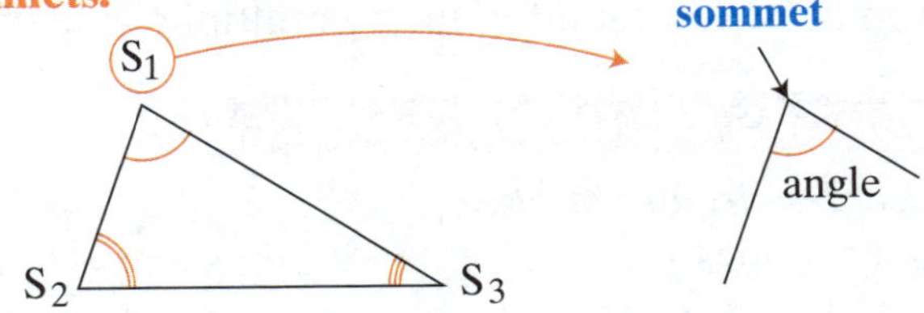

APPRENDRE

CM2 ● Quels sont les différents polygones ?

Un polygone peut être :

– **convexe** :
tous les angles sont saillants (plus petits que l'angle plat).

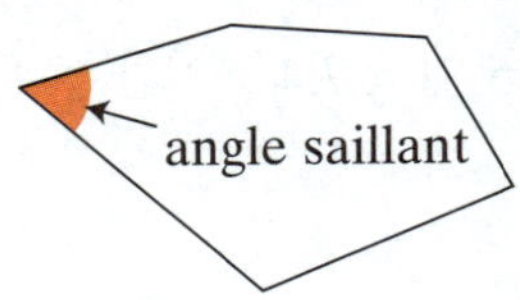

– **concave** :
il y a au moins un angle rentrant (plus grand que l'angle plat).

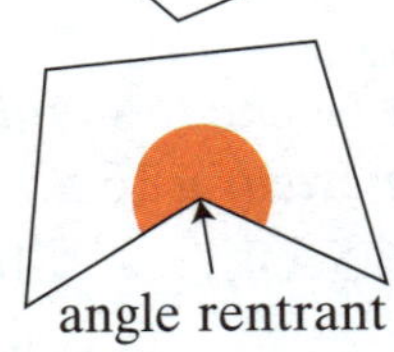

CM2 ● Quelques polygones particuliers

- *Le triangle* est un polygone à **3** côtés.
- *Le quadrilatère* est un polygone à **4** côtés.
- *Le pentagone* est un polygone à **5** côtés.
- *L'hexagone* est un polygone à **6** côtés.

Ces figures sont des ***polygones*** *: elles ont* ***plusieurs côtés.***
Le mot polygone est formé de deux racines grecques : « poly *» (= plusieurs), et «* gonia *» (= angles, coins).*

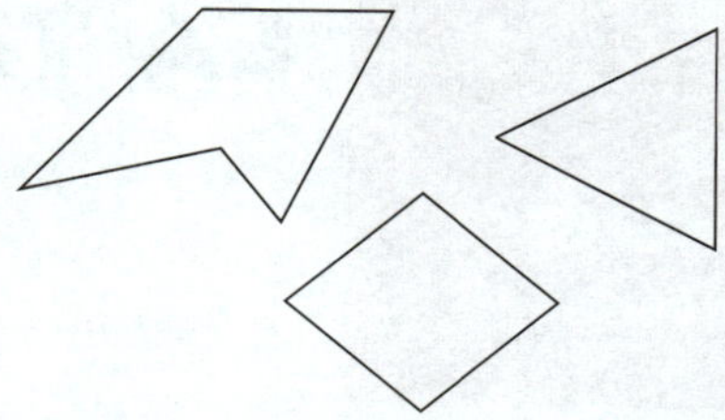

UTILISER SES CONNAISSANCES

● *Indiquer le nombre de côtés, d'angles et de sommets de chacun de ces polygones.*

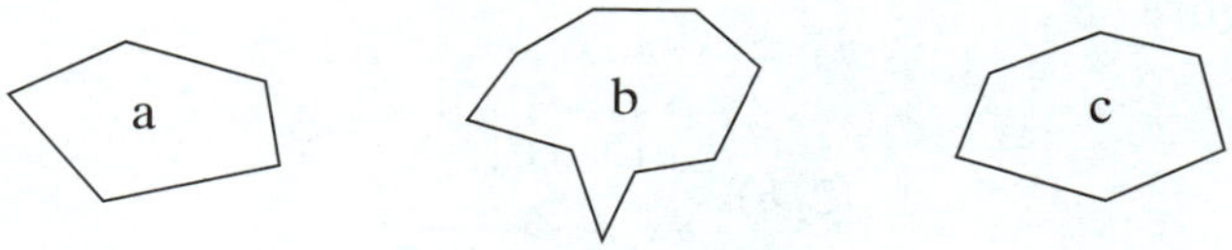

a : 5 côtés,
5 angles,
5 sommets.

b : 9 côtés,
9 angles,
9 sommets.

c : 6 côtés,
6 angles,
6 sommets.

● *Indiquer le nom de chaque polygone.*
Préciser s'il est convexe ou concave. Quelle figure n'est pas un polygone ?

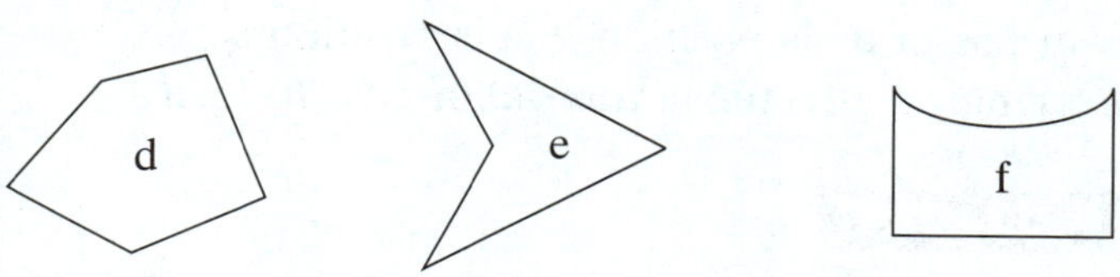

d : pentagone convexe.

e : quadrilatère concave.

f : ce n'est pas un polygone.

● *Construire un hexagone concave.*

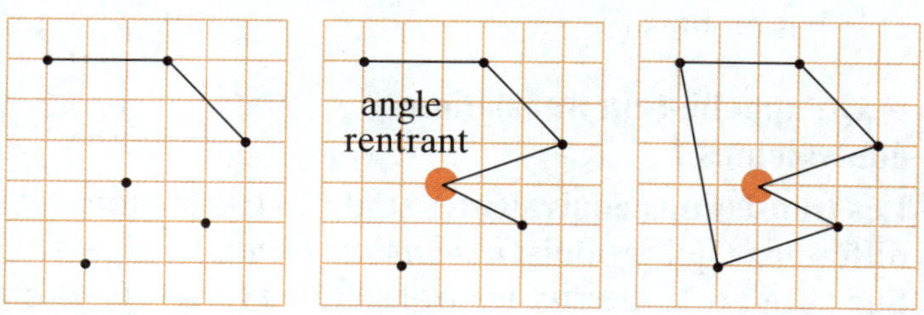

Étape 1 Étape 2 Étape 3

EN SAVOIR PLUS

● Ce polygone est **régulier** : tous ses côtés sont égaux.

● Les **diagonales** d'un polygone sont des segments de droite qui joignent deux sommets non-consécutifs (c'est-à-dire qui ne se suivent pas).

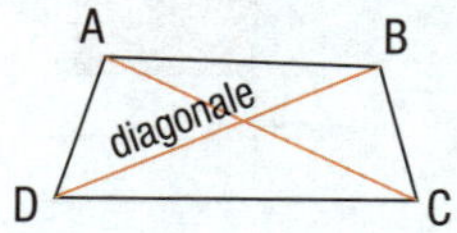

Dans le polygone ABCD, on compte 2 diagonales.

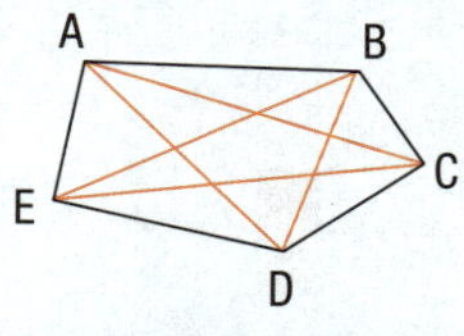

Dans le polygone ABCDE, on compte 5 diagonales.

VOIR AUSSI :
Les angles, 45

76 VERS LE COLLÈGE Géométrie

LA TRANSLATION

OUVRIR L'ŒIL

Il n'y a pas translation entre :

– a et b (changement de dimensions)

– a et c (changement de forme)

– a et d (changement d'orientation).

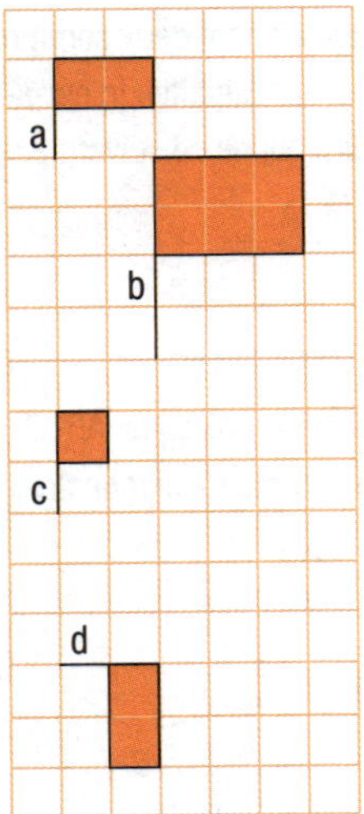

COMPRENDRE

Qu'est-ce qu'une translation ?

La **translation** d'une figure est le *déplacement* de cette figure.

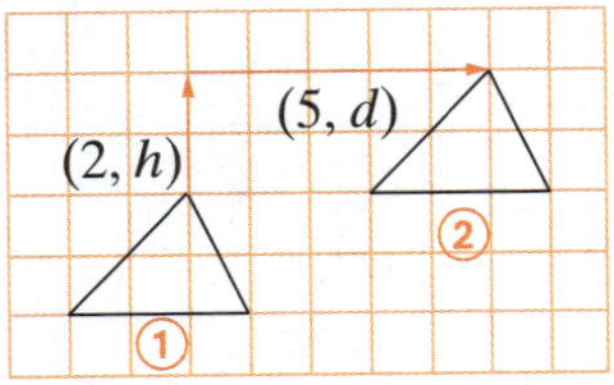

Ce déplacement est codé sur un quadrillage :
– à l'aide d'une **lettre** qui indique le *sens* (*h* : haut, *b* : bas, *d* : droite, *g* : gauche),
– à l'aide d'un **chiffre** qui indique le *nombre de cases* parcourues.

Pour passer de la position ① à la position ②, le triangle a effectué la **translation** : (2, *h*) (5, *d*) .

APPRENDRE

Que se passe-t-il au cours d'une translation ?

La figure **conserve** :
– sa *forme* ;
– ses *dimensions* ;
– son *orientation* ;
(le haut reste en haut, et le bas en bas).

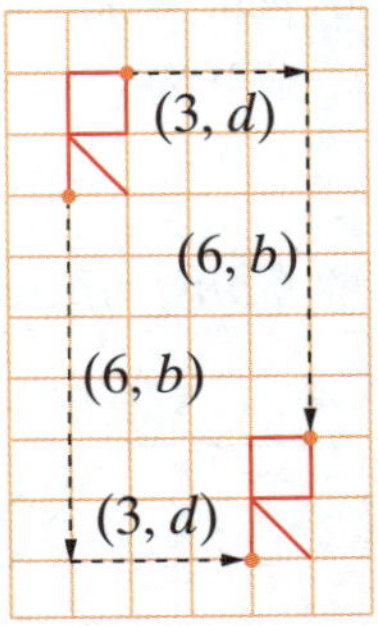

Qu'appelle-t-on translations équivalentes ?

Les **translations équivalentes** sont des translations différentes qui produisent le *même résultat*.
Sur la figure ci-dessus, les translations (3, *d*) (6, *b*) ou (6, *b*) (3, *d*) sont équivalentes.

Pour passer de la position ① à la position ②, le triangle a subi ***une translation****.*

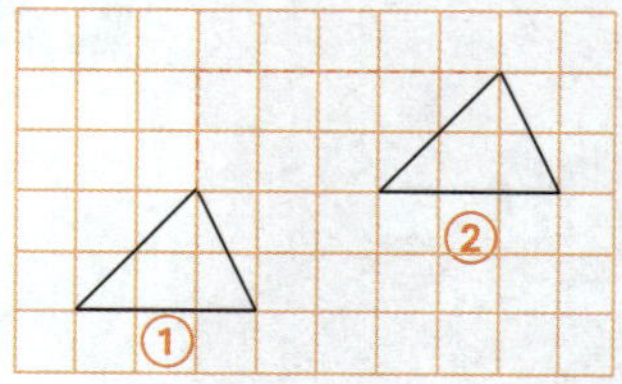

UTILISER SES CONNAISSANCES

● *Faire subir à la figure* F_1 *la translation* $(3, h)$ $(4, g)$ *et tracer la figure* F_2 *obtenue.*

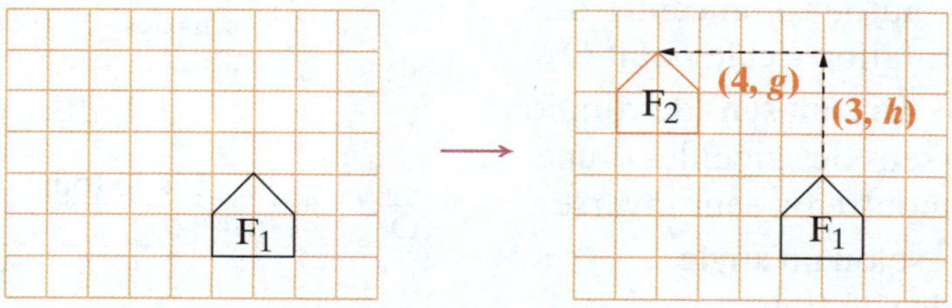

● *Quelles sont les translations équivalentes qui permettent de passer de* P_1 *à* P_2 *? de* P_2 *à* P_3 *?*

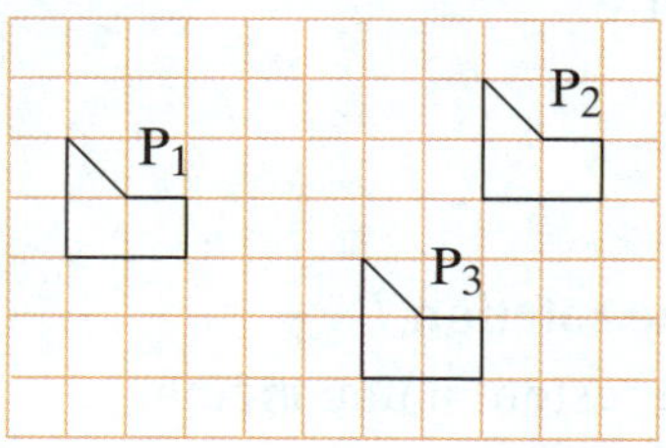

→ De P_1 à P_2 :
$(7, d)$ $(1, h)$
ou $(1, h)$ $(7, d)$

→ De P_2 à P_3 :
$(2, g)$ $(3, b)$
ou $(3, b)$ $(2, g)$.

● *Entre quelles figures y a-t-il eu translation ? Pourquoi ?*

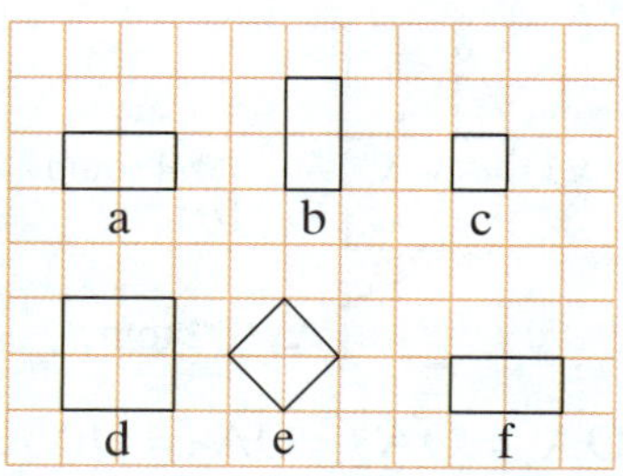

→ Il y a eu translation entre les figures a et f. Seules ces deux figures ont conservé leur forme, leurs dimensions et leur orientation.

EN SAVOIR PLUS

Plusieurs translations successives peuvent être remplacées par une translation **équivalente**.

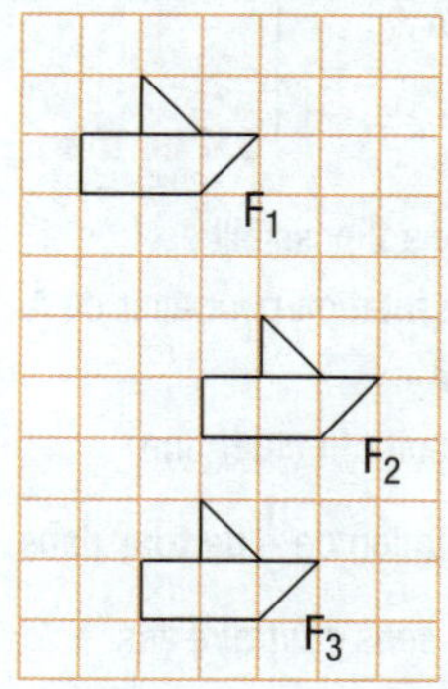

Si l'on passe de F_1 à F_2 grâce à la translation $(4, b)$ $(2, d)$ et de F_2 à F_3 grâce à la translation $(3, b)$ $(1, g)$, la translation équivalente qui permet de passer directement de F_1 à F_3 est : $(7, b)$ $(1, d)$.

VOIR AUSSI :
Déplacements sur quadrillages, 44

77
Vers le collège
Géométrie

LA ROTATION

Ouvrir l'œil

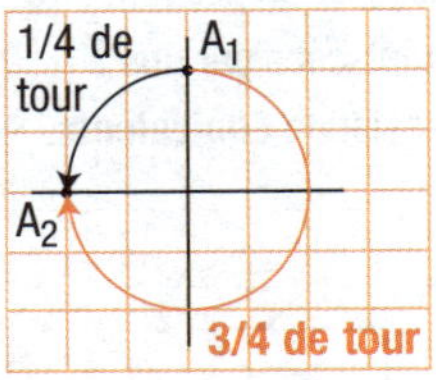

Il y a **2** possibilités de rotation pour aller de A_1 à A_2 :
– soit effectuer une rotation de $\frac{1}{4}$ **de tour** dans le *sens contraire* des aiguilles d'une montre (en noir),
– soit effectuer une rotation de $\frac{3}{4}$ **de tour** dans le *sens* des aiguilles d'une montre (en rouge).

- Rotation et degré

$\frac{1}{4}$ de tour = 90°

$\frac{1}{2}$ de tour = 180°

$\frac{3}{4}$ de tour = 270°

1 tour = 360°

COMPRENDRE

Qu'est-ce qu'une rotation ?

La **rotation** est un mouvement tournant qui s'effectue :
– autour d'un **centre** de rotation (ici le point O),
– dans un **sens** de rotation (sens des aiguilles d'une montre ou sens inverse),
– selon un **angle** de rotation :

$$\left(\frac{1}{4} \text{ de tour, } \frac{1}{2} \text{ de tour, } \frac{3}{4} \text{ de tour...}\right).$$

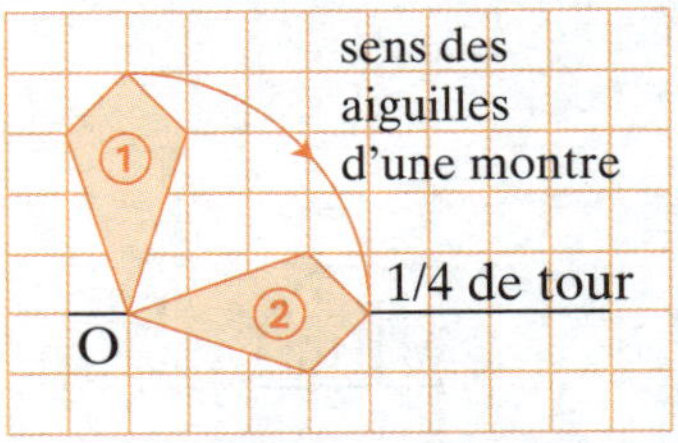

L'aiguille a effectué une **rotation** de $\frac{1}{4}$ de tour dans le sens des aiguilles d'une montre.

APPRENDRE

Que se passe-t-il lors d'une rotation ?

– Tous les points de la figure restent à une **même distance** du centre de rotation (O).

– La figure conserve sa **forme** et ses **dimensions**.

– L'**orientation** de la figure change. Cependant, elle reste la même lors d'une rotation d'un tour complet (ici, de A_1 à A_1).

Remarque :
Les longueurs OA_1, OA_2, OA_3 et OA_4 sont égales.

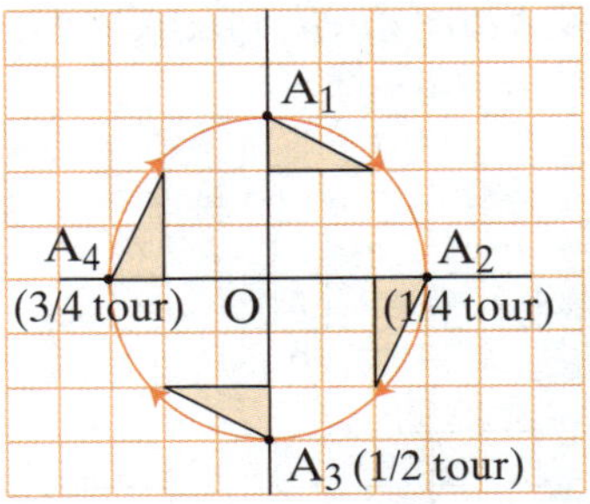

$OA_1 = OA_2 = OA_3 = OA_4$.

*Pour passer de la position 1 à la position 2, l'aiguille a effectué une **rotation**.*

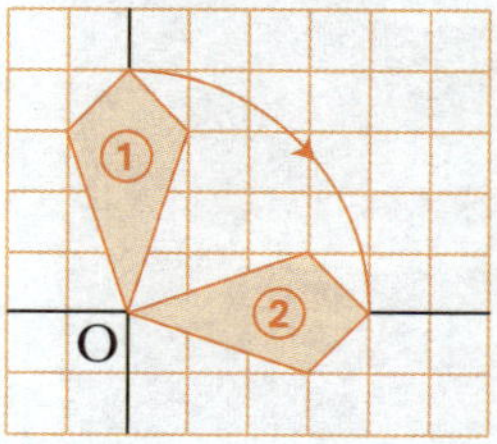

UTILISER SES CONNAISSANCES

● *Tracer la figure $\mathcal{F}_2$ obtenue en faisant effectuer à la figure $\mathcal{F}_1$ une rotation de $\frac{1}{4}$ de tour dans le sens contraire des aiguilles d'une montre.*

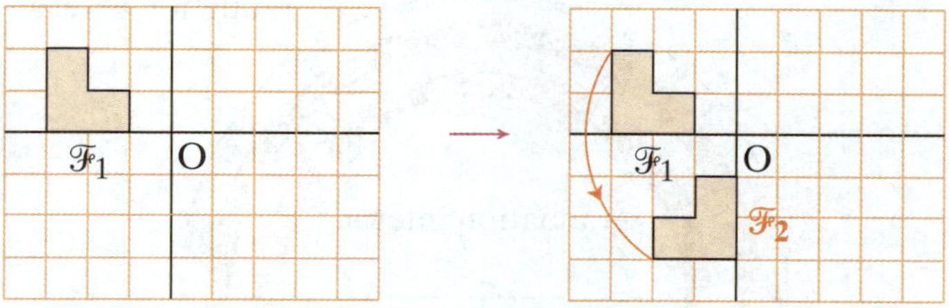

● *Indiquer la rotation subie par la figure $\mathcal{F}_1$? Quelle rotation de sens inverse donnerait le même résultat ?*

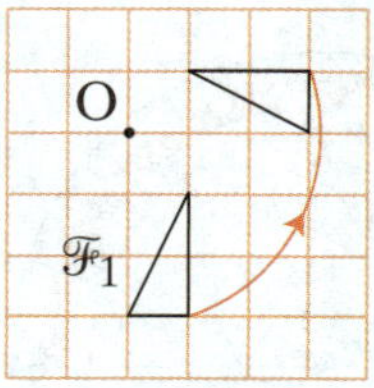

La figure a subi une rotation de $\frac{1}{4}$ de tour dans le sens contraire des aiguilles d'une montre.
Une rotation de $\frac{3}{4}$ de tour dans le sens des aiguilles d'une montre donnerait le même résultat.

● *Placer le centre de rotation O, et exprimer la rotation effectuée par la figure $\mathcal{F}_1$ (en degrés).*

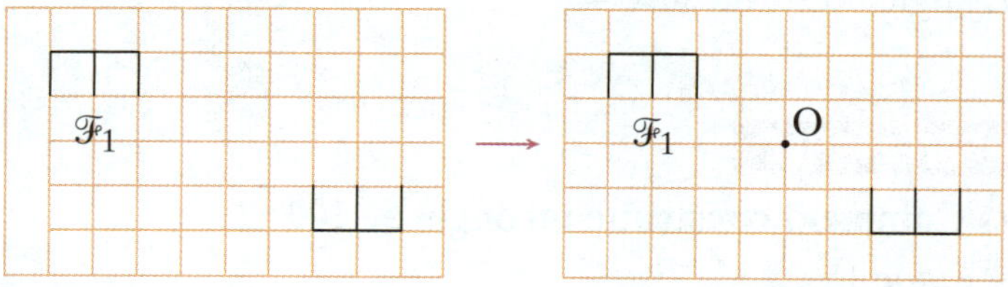

La figure $\mathcal{F}_1$ a effectué une rotation de $\frac{1}{2}$ tour, soit 180°.

EN SAVOIR PLUS

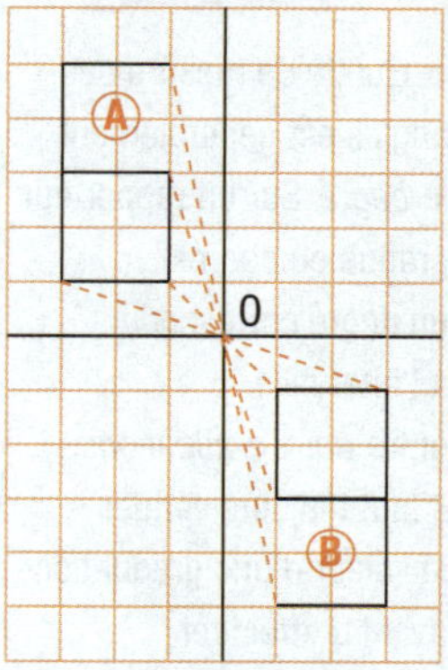

Pour passer de la position A à la position B, la figure a effectué une **rotation** de 1/2 tour (et donc de 180°).
Le passage de la position A à la position B peut également être effectué par une **symétrie par rapport au point O**.
Une rotation de 180° équivaut à une symétrie par rapport au centre de rotation.

VOIR AUSSI :
Les angles, 45
La symétrie, 56

MESURE ET CONSTRUCTION D'UN ANGLE

OUVRIR L'ŒIL

● L'unité de mesure des angles est généralement le *degré*. Sur un rapporteur gradué en degrés, un degré correspond à l'intervalle entre *deux graduations*. Il faut toujours vérifier la valeur d'une graduation avant d'effectuer une mesure.

● Sur un rapporteur, on trouve souvent *deux graduations* de 0° à 180° disposées en sens inverse.

Le total de deux nombres situés face à face est de **180**°.
Ainsi,
20 + 160 = 180 . (180°)

COMPRENDRE

● Comment mesurer l'angle $\widehat{xOy}$?

Pour mesurer l'angle $\widehat{xOy}$, on utilise **un rapporteur**.
Ici, le rapporteur est gradué en *degrés*.

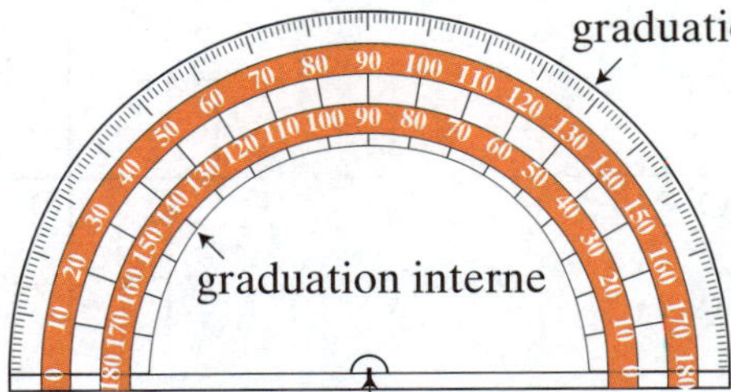

■ *Étape* 1
On place le centre du rapporteur sur le sommet de l'angle. ①

■ *Étape* 2
On place la graduation 0° du rapporteur sur l'un des deux côtés de l'angle. ②

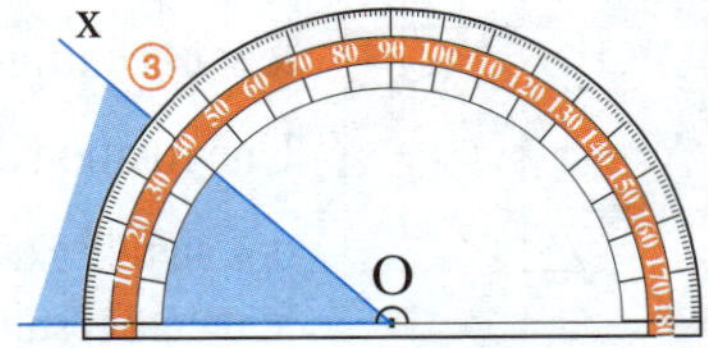

■ *Étape* 3
On regarde sur quelle graduation passe le second côté.
Il passe sur la graduation 40.
L'angle $\widehat{xOy}$ mesure 40°. ③

APPRENDRE

● Comment construire un angle de 100° ?

■ *Étape* 1
On place un point correspondant au centre du rapporteur. Ce sera le sommet (O) de l'angle. ①

L'angle $\widehat{xOy}$ *mesure* 40°.

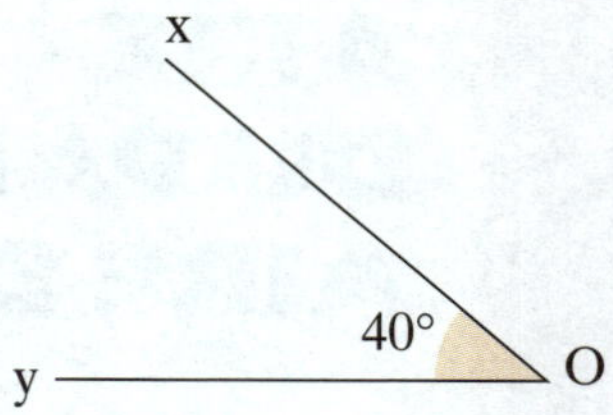

■ *Étape* 2

On marque la graduation 0° (tracé **bleu**, lettre **t**). ②

■ *Étape* 3

On marque la graduation 100° (tracé **rouge**, lettre **z**).

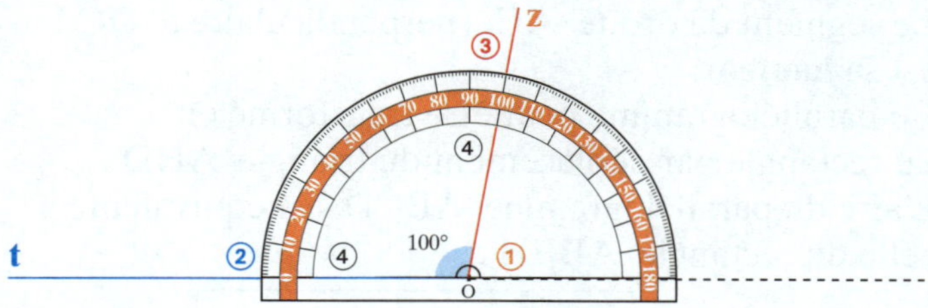

■ *Étape* 4

On matérialise l'angle en traçant [Ot) passant par la graduation 0° (en bleu), et [Oz) passant par la graduation 100° (en rouge). ④

UTILISER SES CONNAISSANCES

● *Indiquer la valeur de chaque angle.*

a = 60° ; b = 140°.

● *Construire un angle* $\widehat{aOb}$ *de 70° à l'aide du rapporteur.*

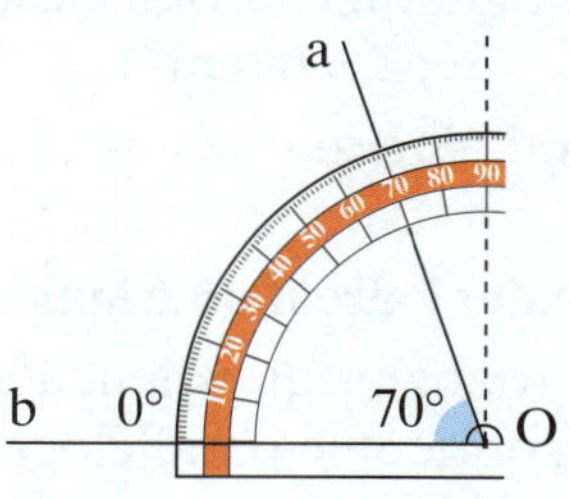

EN SAVOIR PLUS

Pour construire la **bissectrice** d'un angle, on peut utiliser

le rapporteur :

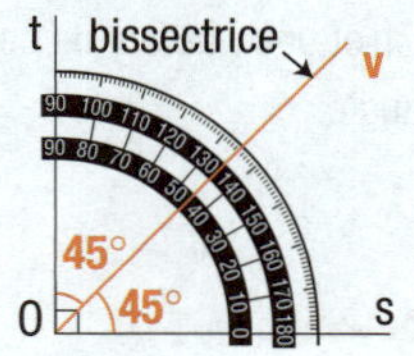

le compas :

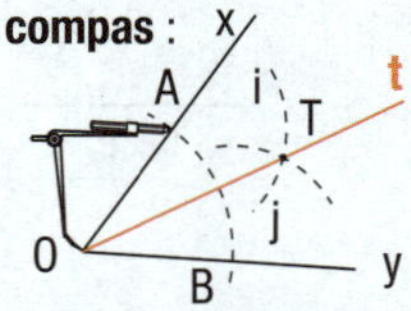

1. Pointe en O, on trace l'arc $\overset{\frown}{AB}$.

2. Sans modifier l'ouverture du compas : pointe en A, on trace l'arc $\hat{i}$, puis pointe en B on trace l'arc $\hat{j}$.

L'intersection des deux arcs $\hat{i}$ et $\hat{j}$ donne le point T.

3. On trace [Ot), bissectrice de l'angle $\widehat{xOy}$.

VOIR AUSSI :
Les angles, 45

79

VERS LE COLLÈGE

Mesure

AIRE DU PARALLÉLOGRAMME AIRE DU TRIANGLE

OUVRIR L'ŒIL

Dans un triangle rectangle, les deux côtés de l'angle droit représentent une *base* et une *hauteur* de ce triangle.

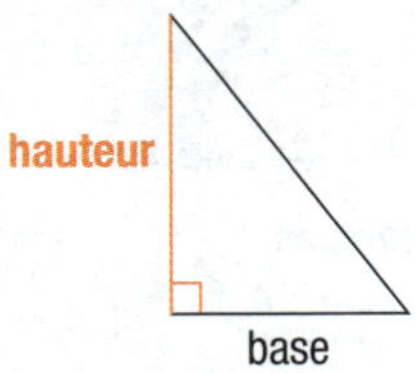

COMPRENDRE

CM2 ● **Comment a-t-on calculé l'aire du parallélogramme *ABCD* ?**

Observons le parallélogramme ABCD .
Le segment de droite AH (perpendiculaire à DC) est sa **hauteur**.
Ce parallélogramme peut être transformé en un rectangle par déplacement du triangle AHD .
L'aire du parallélogramme ABCD est équivalente à celle du rectangle ABEH .

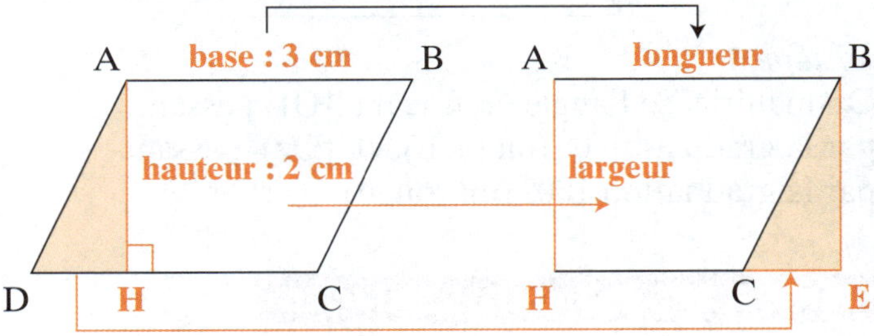

La **base** du parallélogramme devient la **longueur** du rectangle.
La **hauteur** du parallélogramme devient la **largeur** du rectangle.
L'aire du rectangle ABEH est :

$$3 \times 2 = 6\ (\text{cm}^2).$$

longueur ↗ ↖ largeur

L'aire du parallélogramme ABCD est donc :

$$3 \times 2 = 6\ (\text{cm}^2).$$

Aire du parallélogramme = base × hauteur .

CM ● **Comment calculer l'aire d'un triangle ?**

Si l'on ajoute un triangle équivalent à EFG le long du segment FG , on obtient le parallélogramme EFHG .

Le quadrilatère ABCD *est un* ***parallélogramme****.*
Sa base (AB *ou* DC *) mesure* 3 cm.
*Sa hauteur (*AH*) mesure* 2 cm.
Ce parallélogramme a une ***aire*** *de* **6 cm²**.

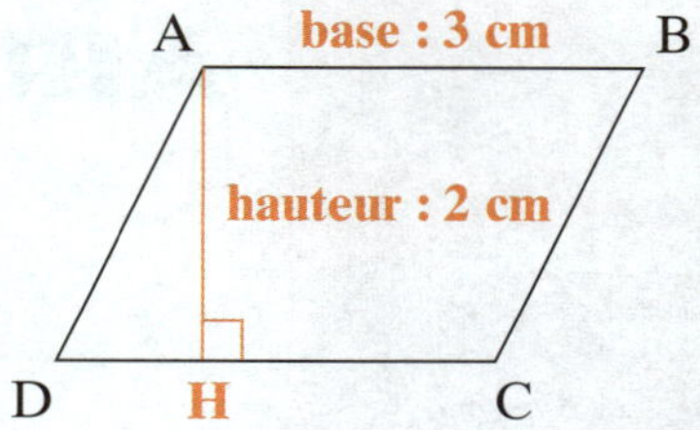

L'aire du triangle EFG est donc égale à **la moitié** de l'aire du parallélogramme EFHG .

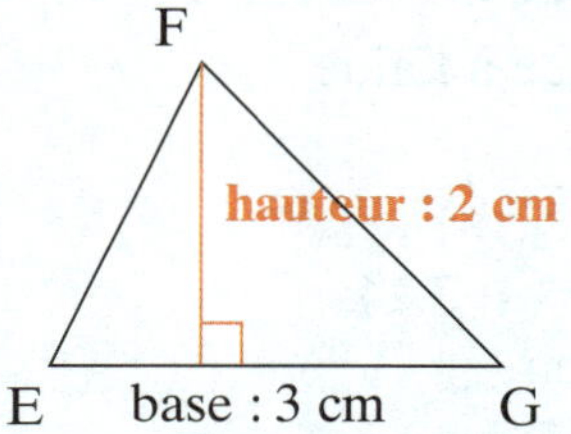

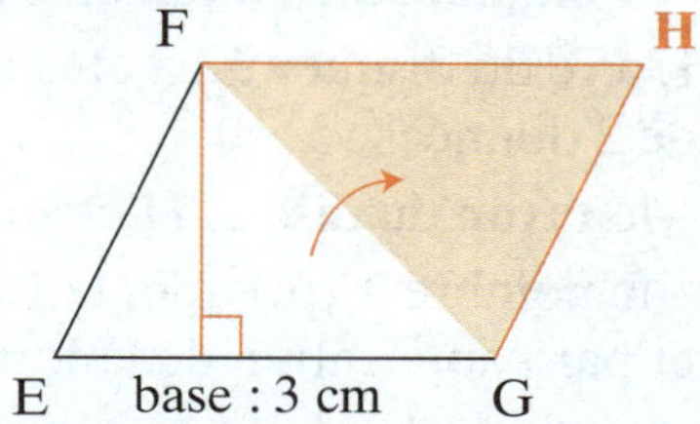

L'aire du parallélogramme EFHG est :

$$3 \times 2 = 6\ (\text{cm}^2)\ .$$

L'aire du triangle EFG est donc :

$$(3 \times 2) : 2 = 3\ (\text{cm}^2)\ .$$

base ↗ ↖ hauteur

Aire du triangle = $\dfrac{\textbf{(base} \times \textbf{hauteur)}}{\textbf{2}}$ **.**

UTILISER SES CONNAISSANCES

- *Calculer l'aire d'un parallélogramme dont la base mesure* 8,5 cm *et la hauteur* 4 cm.

  Aire du parallélogramme : $8{,}5 \times 4 = 34\ (\text{cm}^2)$.

- *Calculer l'aire de ce triangle.*

  $(3{,}2 \times 2) : 2 = 3{,}2\ (\text{cm}^2)$.

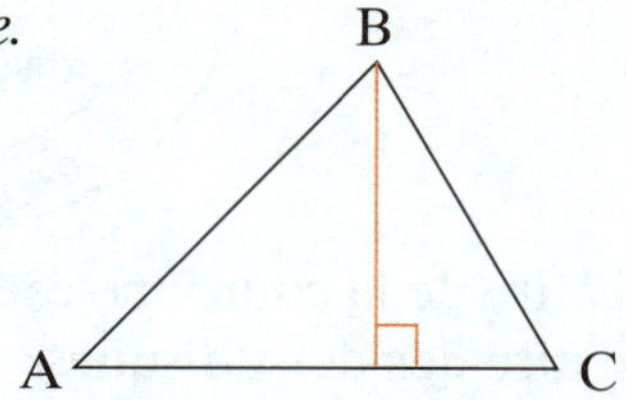

- *Les côtés de l'angle droit d'une équerre mesurent* 1,8 dm *et* 12 cm. *Quelle est l'aire de cette équerre ?*

Il faut d'abord faire une conversion : 1,8 dm = 18 cm .

$$(18 \times 12) : 2 = 108\ (\text{cm}^2)\ .$$

base ↗ ↖ hauteur

OUVRIR L'ŒIL

Pour tous les calculs d'aire, il faut faire attention aux *unités*. Toutes les mesures doivent être exprimées dans la **même unité** avant d'effectuer le calcul.

VOIR AUSSI :
Le parallélogramme, le losange, 49
Les triangles, 50
Unités d'aires, 66

AIRE DU DISQUE

COMPRENDRE

Comment a-t-on calculé l'aire du disque (𝒟) ?

L'aire du disque (𝒟) a été calculée à l'aide de 2 données :

- le **rayon** du disque (1,5 cm),
- le nombre **π** (pi) dont la valeur est **3,14**,

et par l'application de la formule :

aire du disque = rayon × rayon × π

On a donc fait le calcul suivant :
aire du disque (𝒟) = 1,5 × 1,5 × 3,14 = 7,065 (cm^2) .

OUVRIR L'ŒIL

Quand on calcule l'aire d'un disque, il faut bien prendre le **rayon** et non le diamètre.
Rappel :
rayon = diamètre : 2 .

APPRENDRE

Comment calculer l'aire d'une couronne ?

Lorsque, sur un disque, on place un autre disque, plus petit et de même centre, on obtient une couronne.

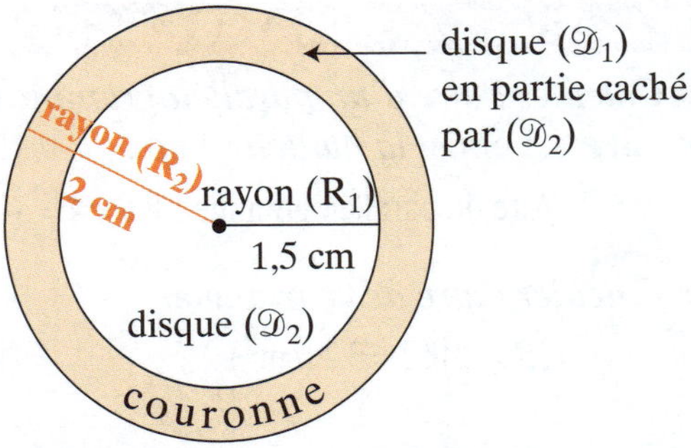

L'aire de la couronne est égale à la différence d'aire des deux disques.

Aire de ($𝒟_1$) :
1,5 × 1,5 × 3,14 = 7,065 (cm^2)

Aire de ($𝒟_2$) :
2 × 2 × 3,14 = 12,56 (cm^2)

Aire de la couronne :
12,56 – 7,065 = 5,495 (cm^2) .

Le disque ($\mathscr{D}$) *délimité par le cercle* ($\mathscr{C}$) *a un rayon de* 1,5 cm.
***Son aire est de 7,065 cm²*.**

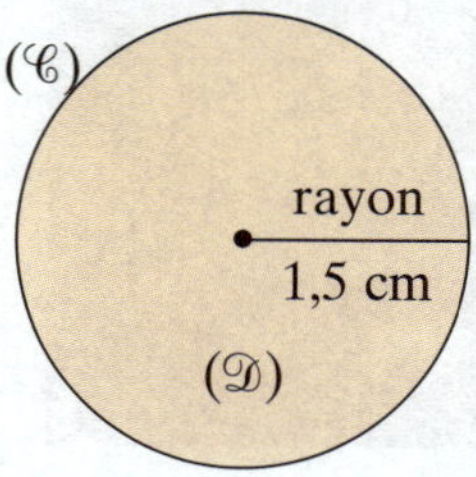

UTILISER SES CONNAISSANCES

● *Calculer l'aire d'un disque :*
a) de 5 cm *de rayon ;*
b) de 8,40 m *de diamètre.*

a) $5 \times 5 \times 3{,}14 = 78{,}50$ (cm²).
b) rayon = $8{,}40 : 2 = 4{,}20$ (m)
aire = $4{,}20 \times 4{,}20 \times 3{,}14 = 55{,}39$ (m²) par excès.

● *Sur une table ronde de* 1 m *de diamètre, on a disposé* 4 *assiettes identiques de* 10 cm *de rayon. Quelle est, en* m², *l'aire non occupée par les assiettes ?*

Aire de la table → rayon = $1 : 2 = 0{,}50$ (m).
$0{,}50 \times 0{,}50 \times 3{,}14 = 0{,}785$ (m²).
Aire des 4 assiettes :
$(10 \times 10 \times 3{,}14) \times 4 = 1\,256$ (cm²) $= 0{,}1256$ (m²).
Aire restée libre :
$0{,}7850 - 0{,}1256 = 0{,}6594$ (m²).

● *Calculer l'aire de la figure colorée ci-dessous (en* cm²*).*

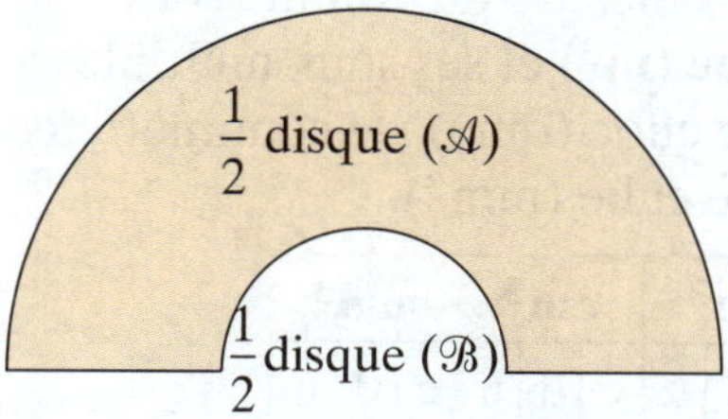

rayon du disque ($\mathscr{A}$) :	2,5 cm
aire du demi-disque ($\mathscr{A}$) :	$(2{,}5 \times 2{,}5 \times 3{,}14) : 2 = 9{,}8125$ (cm²)
rayon du disque ($\mathscr{B}$) :	1 cm
aire du demi-disque ($\mathscr{B}$) :	$(1 \times 1 \times 3{,}14) : 2 = 1{,}57$ (cm²)
aire de la figure :	$9{,}8125 - 1{,}57 = 8{,}2425$ (cm²).

EN SAVOIR PLUS

L'aire d'une **sphère** (boule) s'obtient à l'aide de la formule suivante :
aire de la sphère = rayon × rayon × π × 4

VOIR AUSSI :
Le cercle et le disque, 52
Unités d'aires, 66

81
Vers le collège
Mesure

UNITÉS DE VOLUME

OUVRIR L'ŒIL

● Il faut **3 colonnes** (unités, dizaines et centaines) pour représenter chaque unité de volume.

m^3		
c	d	u
↑ centaines	↑ dizaines	↑ unités

● Attention à la **correspondance** des unités de mesure !
– Les unités de *longueur* se correspondent de **10** en **10**.
1 m = 10 dm .
– Les unités de *surface* (ou d'*aire*) se correspondent de **100** en **100**.
$1 \text{ m}^2 = 100 \text{ dm}^2$.
– Les unités de *volume* se correspondent de **1 000** en **1 000**.
$1 \text{ m}^3 = 1\,000 \text{ dm}^3$.

COMPRENDRE

CM2 ● **Qu'est-ce que le volume d'un cube ?**
On appelle volume d'un cube l'espace qu'il occupe.

CM2 ● **Comment exprimer le volume d'un cube de 1 dm d'arête (ou de 1 cm d'arête) ?**

■ Le volume d'un cube de 1 dm d'arête est égal à **1 décimètre cube** (1 dm^3).

■ Le volume d'un cube de 1 cm d'arête est égal à **1 centimètre cube** (1 cm^3).

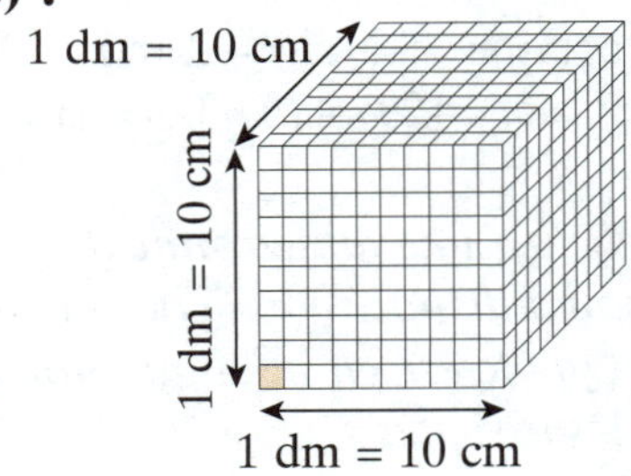

Dans 1 dm^3, on compte :
$10 \times 10 \times 10 = 1\,000 \text{ cm}^3$
sur une couche ↖ 10 couches

$1 \text{ dm}^3 = 1\,000 \text{ cm}^3$.

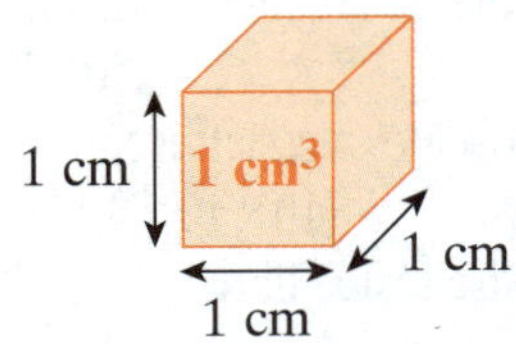

APPRENDRE

CM2 ● **Quelles sont les unités de mesure de volume ?**
Les unités de mesure du volume sont le **mètre cube** (m^3) et ses sous-multiples : le décimètre cube (dm^3) ; le centimètre cube (cm^3), le millimètre cube (mm^3).

m^3			dm^3			cm^3			mm^3			
c	d	u	c	d	u	c	d	u	c	d	u	
		1	0	0	0							→ $1 \text{ m}^3 = 1\,000 \text{ dm}^3$
					1	0	0	0				→ $1 \text{ dm}^3 = 1\,000 \text{ cm}^3$
								1	0	0	0	→ $1 \text{ cm}^3 = 1\,000 \text{ mm}^3$

Remarque : $1 \text{ m}^3 = 1\,000\,000 \text{ cm}^3$

Ce cube mesure 1 dm *d'arête.*
***Son volume est de* 1 dm³**
*(on lit : **un décimètre cube**).*

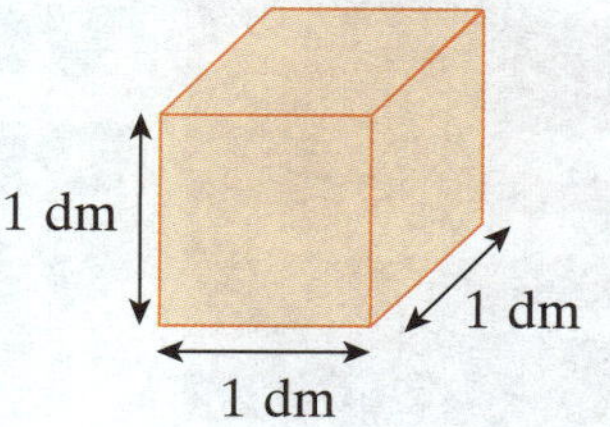

CM2

● Comment convertir une mesure de volume ?

On utilise un **tableau de conversion**.
On écrit la mesure dans le tableau en plaçant d'abord le chiffre des unités puis on convertit en **multipliant** ou en **divisant** par 1 000, 1 000 000 …
Par exemple :
345 dm^3 = … cm^3 ? = … m^3 ? = … mm^3 ?

m³			dm³			cm³			mm³			
c	d	u	c	d	u	c	d	u	c	d	u	
			3	4	**5**							**5** : chiffre des unités
			3	4	5	0	0	0				← 345 000 cm^3
		0,	3	4	5							← 0,345 m^3
			3	4	5	0	0	0	0	0	0	← 345 000 000 mm^3

On place les *zéros* et la *virgule* suivant l'unité choisie.

EN SAVOIR PLUS

L'unité choisie pour mesurer le volume d'un tas de bois est le **stère** (st).
1 stère représente un volume de **1 m³**.

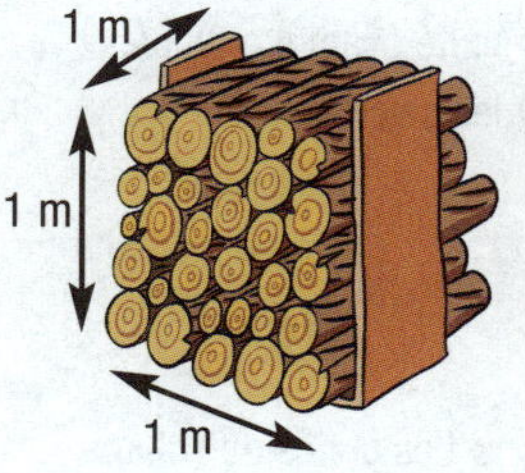

UTILISER SES CONNAISSANCES

● *Indiquer la bonne réponse :*

12 dm^3 = 1 200 cm^3 ? ; 120 000 cm^3 ? ; 12 000 cm^3 ?.
300 000 cm^3 = 0,3 m^3 ? ; 3 m^3 ?, 300 m^3 ?.

12 dm^3 = 12 000 cm^3.
300 000 cm^3 = 0,3 m^3.

● *Transformer selon l'unité indiquée :*

7,6 m^3 = … dm^3 ; 0,54 dm^3 = … mm^3 ;
17 125 cm^3 = … dm^3.

7,6 m^3 = 7 600 dm^3 ;
0,54 dm^3 = 540 000 mm^3 ;
17 125 cm^3 = 17,125 dm^3.

VOIR AUSSI :
Les mesures de longueurs (1) et (2), **60-61**
Unités de surface, **66**
La multiplication par 10, 100, ou 1000, **23**
La division par 10, 100, ou 1000, **30**

82

VERS LE COLLÈGE

Mesure

VOLUME DU PAVÉ DROIT VOLUME DU CUBE

OUVRIR L'ŒIL

- Attention aux *unités* ! De même que pour les calculs de surface, il est important que toutes les mesures soient exprimées avec la **même** unité avant d'effectuer les calculs.

  cm ↔ cm^3

  dm ↔ dm^3

  m ↔ m^3

- Les unités de volume se correspondent de **1 000** en **1 000** :

  $1\ cm^3 = 1\ 000\ mm^3$

  $1\ dm^3 = 1\ 000\ cm^3$

  $1\ m^3 = 1\ 000\ dm^3$

COMPRENDRE

CM2

Comment a-t-on calculé le volume de ce pavé droit ?

Les mesures des arêtes du pavé droit étant exprimées en cm, on remplit le pavé de cubes de 1 cm d'arête, c'est-à-dire de :
$1 \times 1 \times 1 = 1\ (cm^3)$
de volume chacun.
(cm^3 se lit centimètre cube.)

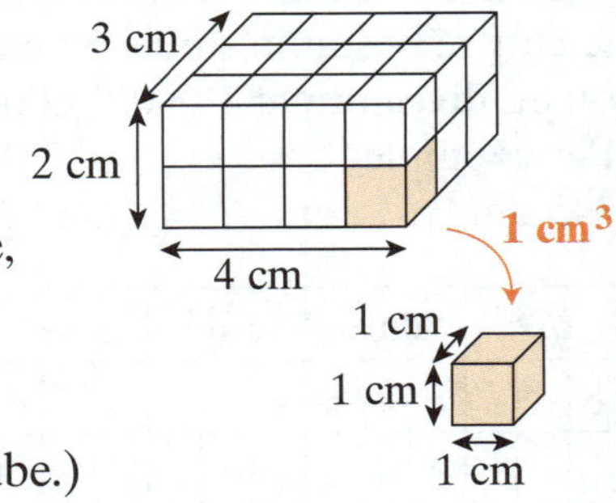

On compte le nombre de cubes de $1\ cm^3$ nécessaires pour remplir le volume du pavé :
il faut 4 rangées pour la longueur, 3 pour la largeur, et 2 pour la hauteur.

Pour remplir entièrement le pavé droit, il faut :

$$4 \times 3 \times 2 = 24 \text{ (cubes de } 1\ cm^3\text{)}.$$

Le volume de ce pavé droit est :

$$4 \times 3 \times 2 = 24\ (cm^3)\ .$$

longueur ↗ largeur ↑ ↖ hauteur

Volume du pavé droit = longueur × largeur × hauteur .

CM2

Comment calculer le volume d'un cube ?

Un cube possède des arêtes de **même** dimension.
Ici, le cube possède des arêtes de 3 cm.
Il faut donc :
$3 \times 3 \times 3 = 27$ (cubes de $1\ cm^3$)
pour remplir ce cube.

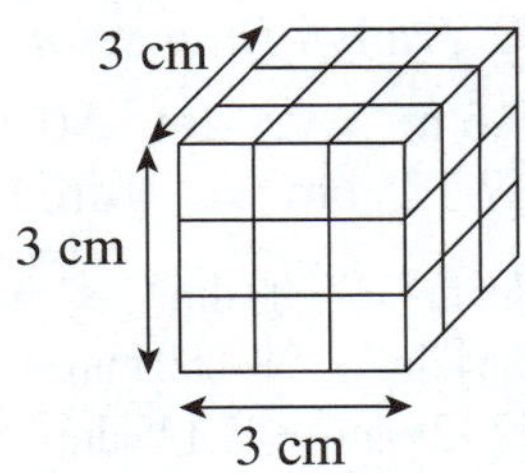

Ce pavé droit (représenté à l'échelle 1/2) mesure :
4 cm *de long,*
3 cm *de large,*
2 cm *de haut.*
***Son volume est de* 24 cm³.**

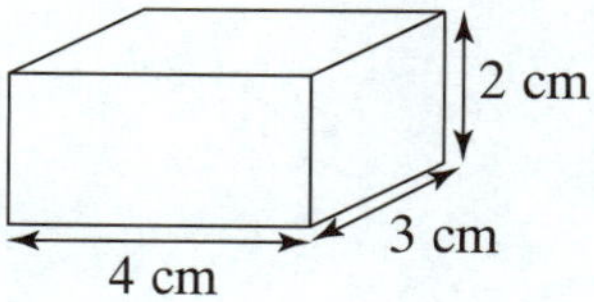

Le volume de ce cube est :

$$3 \times 3 \times 3 = 27 \text{ (cm}^3\text{)} .$$

arête arête arête

Volume du cube = arête × arête × arête .

EN SAVOIR PLUS

● Il faut bien se rappeler la correspondance entre les unités de *volume* et les unités de *capacité* :

$1 \text{ cm}^3 = 1 \text{ ml}$

$1 \text{ dm}^3 = 1 \text{ l}$

$1 \text{ m}^3 = 1\,000 \text{ l}$

● Lorsque l'on connaît le volume (V), la longueur (L), et la largeur (l) d'un pavé droit, on peut calculer sa hauteur (h) avec la formule :

h = V : (L × l) .

UTILISER SES CONNAISSANCES

● *Calculer le volume, en* m³, *d'un pavé droit dont les dimensions sont :*
longueur : 4 m ; *largeur :* 1,5 m ; *hauteur :* 0,70 m .

Volume du pavé droit : $4 \times 1{,}5 \times 0{,}7 = 4{,}2 \text{ (m}^3\text{)}$.

● *Calculer le volume de la pièce ci-dessous, qui est formée d'un pavé droit surmonté d'un cube. Exprimer ce volume en* cm³ *et en* dm³.

Volume du pavé droit :
$18 \times 6 \times 9 = 972 \text{ (cm}^3\text{)}$.

Volume du cube :
$6 \times 6 \times 6 = 216 \text{ (cm}^3\text{)}$.

Volume de la pièce :
$972 + 216 = 1\,188 \text{ (cm}^3\text{)}$,
soit 1,188 dm³ .

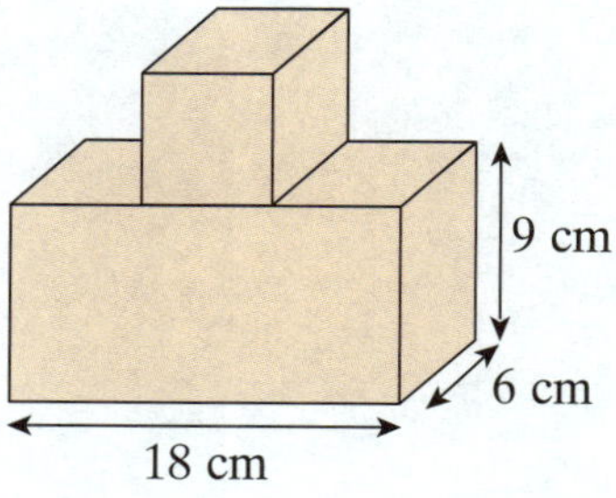

● *Une piscine mesure* 2,5 dam *de long,* 12,5 m *de large et* 2,20 m *de profondeur. Quel volume d'eau contient-elle lorsqu'elle est remplie avec une profondeur d'eau de* 2 m *? Donner la réponse en* m³.

Il faut faire une conversion : 2,5 dam = 25 m .
Le volume d'eau dans la piscine est :

$$25 \times 12{,}5 \times 2 = 625 \text{ (m}^3\text{)} .$$

VOIR AUSSI :
Unités de volumes, 81
Les solides à faces planes, 54

Aide-Mémoire

NOMBRES

Tableau des classes

Classe des milliards			Classe des millions			Classe des mille			Classe des unités simples		
c	d	u	c	d	u	c	d	u	c	d	u
		2	3	5	0	8	3	5	0	0	0

Écriture d'un nombre

En chiffres :
2 350 835 000.

En lettres :
deux milliards trois cent cinquante millions huit cent trente-cinq mille.

Comparaison de deux nombres

$$3\,602 > 732$$

4 chiffres 3 chiffres

$$76\,135 > 76\,047 \text{ car } 1 > 0.$$

Valeur approchée

- 4 800 est la valeur approchée de 4 807 à la centaine près par défaut.
- 13 000 est la valeur approchée de 12 950 au millier près par excès.

Décomposition

$$540\,800 = 500\,000 + 40\,000 + 800$$
$$= (5 \times 10^5) + (4 \times 10^4) + (8 \times 10^2).$$

(10^5 se lit 10 puissance 5.)

Divisibilité

Un nombre est divisible par :

- 2 lorsqu'il est pair.
- 5 lorsqu'il se termine par 0 ou 5.
- 3 lorsque la somme de ses chiffres est 3, 6 ou 9.
- 9 lorsque la somme de ses chiffres est 9.

Les fractions

La partie coloriée du disque peut être représentée par la fraction $\frac{3}{4}$.

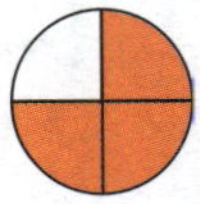

3 ← numérateur (nombre de parts prises).
4 ← dénominateur (nombre total de parts).

Comparaison de fractions

$$\frac{7}{10} > \frac{3}{10}$$

car les fractions ont le même dénominateur et $7 > 3$.

Comparaison à l'unité

$\frac{4}{5} < 1$ car $4 < 5$

$\frac{5}{5} = 1$

$\frac{6}{5} > 1$ car $6 > 5$

Addition et soustraction

$$\frac{4}{7} + \frac{5}{7} = \frac{9}{7}$$

$$\frac{9}{15} - \frac{3}{15} = \frac{6}{15}.$$

On additionne ou l'on soustrait uniquement les numérateurs. Les dénominateurs doivent être identiques.

Les fractions décimales

Une fraction décimale a pour dénominateur 10, 100, 1 000…

$$\frac{8}{10}\ ;\ \frac{23}{100}\ ;\ \frac{450}{1\,000}.$$

Les nombres décimaux

Écriture et lecture

partie entière : 4 ; partie décimale : 812

4, 8 1 2

- 8 : dixièmes
- 1 : centièmes
- 2 : millièmes

4,812 se lit :
quatre unités huit cent douze millièmes
ou quatre virgule huit cent douze.

Fraction décimale et nombre décimal

$\frac{7}{10} = 7 : 10 = 0{,}7$.

$\frac{235}{100} = 235 : 100 = 2{,}35$.

Comparaison

$25{,}\underline{7}6 > 25{,}\underline{3}42$ car $7 > 3$.

CALCUL

L'addition

837 + 28

```
   u
  837
+  28
-----
  865   ← somme
```

45,62 + 8,125

```
    u
   45,62
+   8,125
---------
   53,745   ← somme
```

La multiplication

71 × 24

```
    71   ← multiplicande
×   24   ← multiplicateur
------
   284
  142.
------
  1704   ← produit
```

56 × 3,2

```
    56   ← multiplicande
×  3,2   ← multiplicateur
------
   112
  168.
------
 179,2   ← produit
```

1 chiffre dans la partie décimale

La soustraction

1 235 – 419

```
    u
 1 235
–  419
------
   816   ← différence ou reste
```

64,5 – 18,37

```
    u
  64,50
– 18,37
-------
  46,13   ← différence ou reste
```

La division

56 : 7

```
dividende   diviseur
   56 | 7
  –56 | 8   ← quotient
reste → 0
```

83,4 : 35

```
dividende décimal
  83,4 | 35
  13 4 | 2,3   ← quotient décimal (au 1/10)
   2 9 |
```

quotient décimal $\left(\text{au } \frac{1}{10}\right)$

MESURE

Longueurs

km	hm	dam	m	dm	cm	mm
			1	0	0	
0,	1					

1 m = 100 cm ; 1 hm = 0,1 km .

Masses

t	q	.	kg	hg	dag	g	dg	cg	mg
			1	0	0	0			
0,	5	0	0						

1 kg = 1 000 g ; 500 kg = 0,5 t .

Capacités

.	hL	daL	L	dL	cL	mL
			1	0	0	
			0,	7	5	

1 L = 100 cL ; 75 cL = 0,75 L .

Aires

km^2		hm^2 ha		dam^2 a		m^2 ca		dm^2		cm^2		mm^2	
d	u	d	u	d	u	d	u	d	u	d	u	d	u
							1	0	0				
	0,	0	1										

ha = hectare ; a = are ; ca = centiare.
$1\ m^2 = 100\ dm^2$; $1\ hm^2 = 0{,}01\ km^2 = 1$ ha .

Volumes

m^3			dm^3			cm^3			mm^3		
c	d	u	c	d	u	c	d	u	c	d	u
		1	0	0	0						
					0,	8	0	0			

$1\ m^3 = 1\ 000\ dm^3$; $800\ cm^3 = 0{,}8\ dm^3$.

Durées

1 heure (h) = 60 minutes (min) ;
1 minute (min) = 60 secondes (s).

Monnaie

1 euro (€) = 100 centimes (c).

GÉOMÉTRIE

Repérage

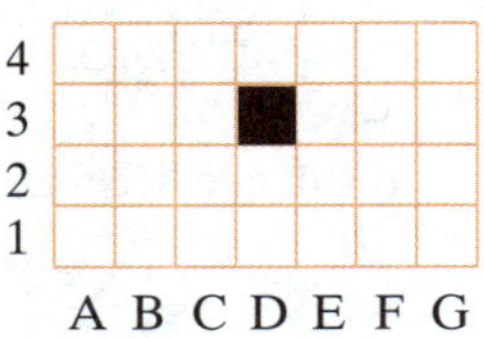

Le code de la case noire est (D, 3).

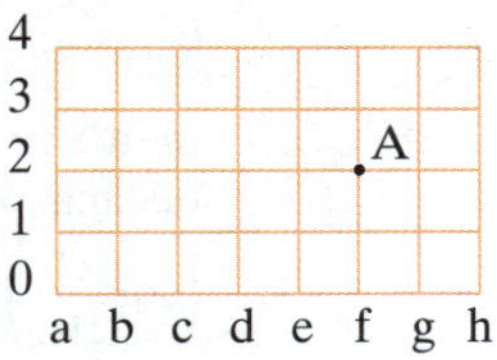

Le code du point A est (f, 2).

Déplacements

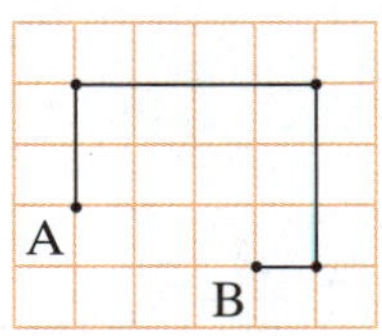

Le déplacement de A et B s'écrit :
(2, h) (4, d) (3, b) (1, g)

ou

2↑ ; 4→ ; 3↓ ; 1←

● Les angles

angle droit — angle aigu (< droit)

angle obtus (> droit) — angle plat

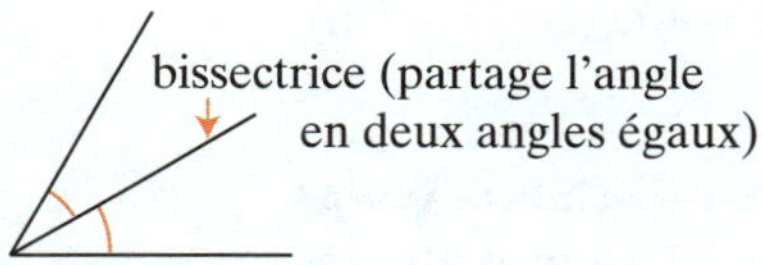

● Droites perpendiculaires Droites parallèles

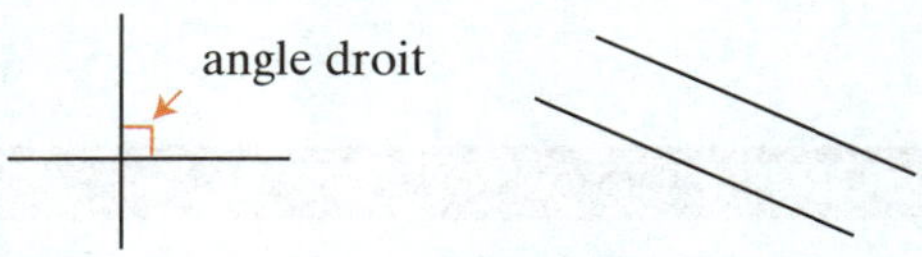

droites perpendiculaires — droites parallèles (même écartement)

● Les polygones

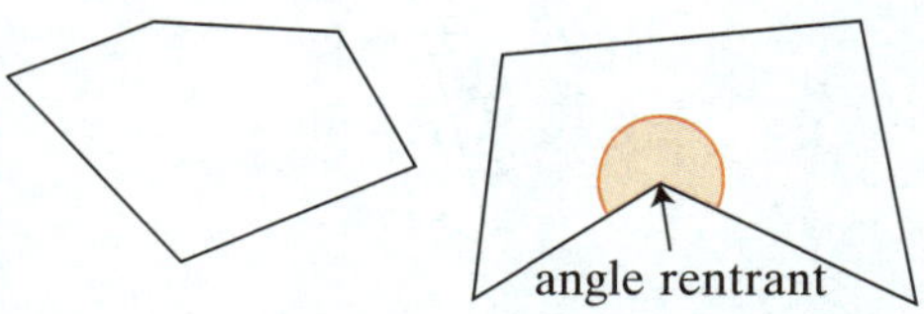

polygone convexe (tous les angles sont saillants) — polygone concave

● Les quadrilatères

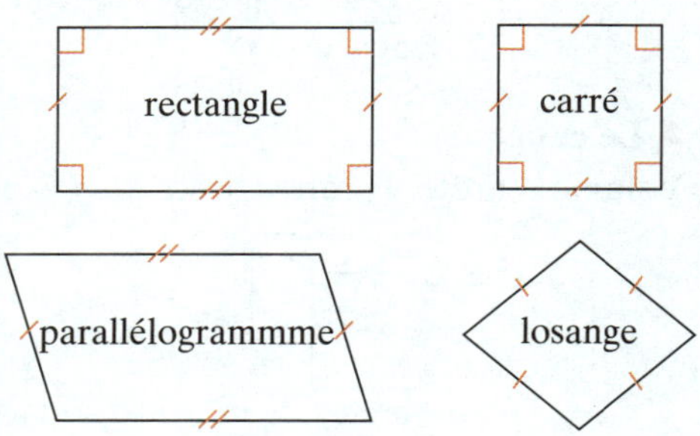

● Les triangles

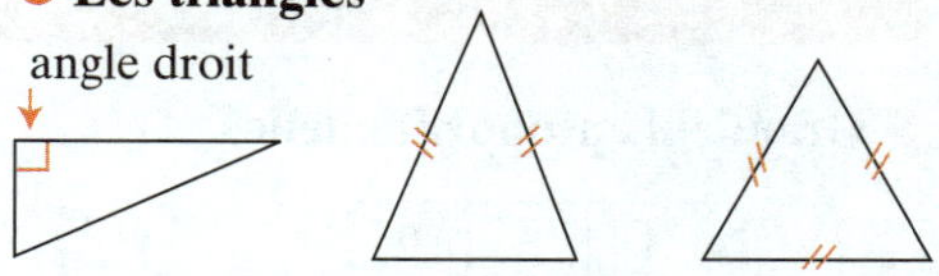

triangle rectangle — triangle isocèle (2 côtés égaux) — triangle équilatéral (3 côtés égaux)

● Le cercle et le disque

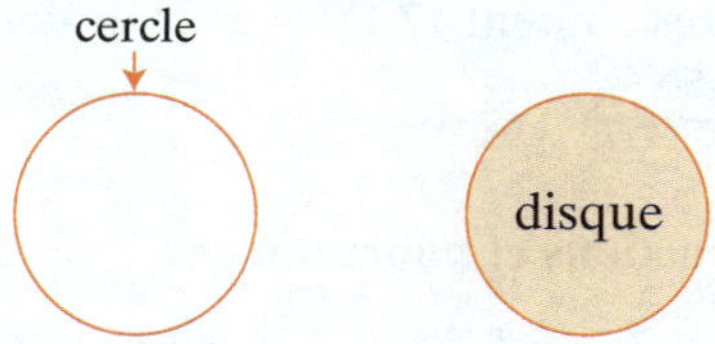

● Les solides

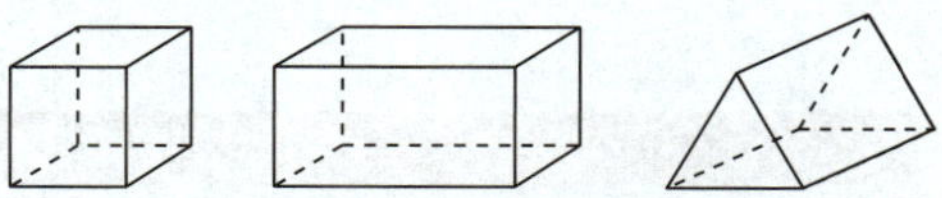

cube — pavé droit — prisme

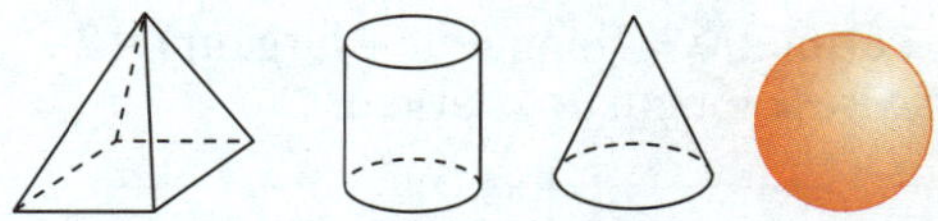

pyramide — cylindre — cône — sphère

● Les transformations de figures

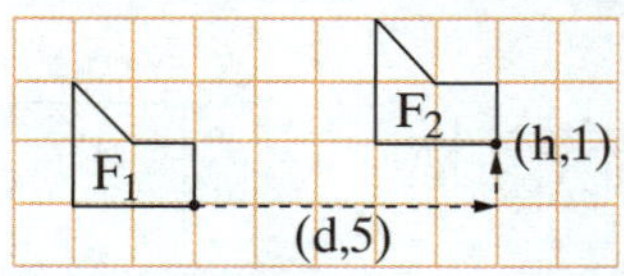

La translation (d, 5) (h, 1)

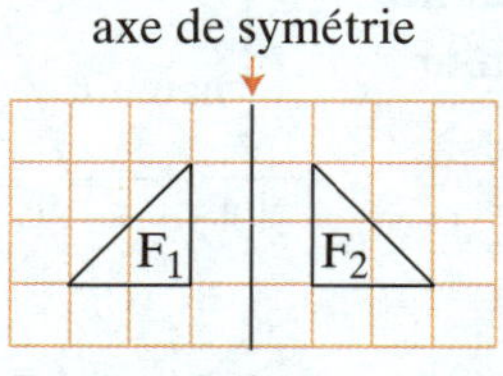

La symétrie

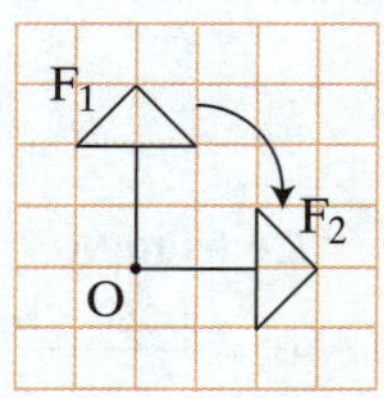

La rotation d'1/4 de tour dans le sens des aiguilles d'une montre.

PROPORTIONNALITÉ

Grandeurs proportionnelles

1	3	9
4	12	36

(× 4)

La liste 1, 3, 9 et la liste 4, 12, 36 sont proportionnelles.

La règle de trois

3 livres coûtent 12 € ⟶ 5 livres coûtent $\frac{12 \times 5}{3} = 20$ (€) .

Fractions et pourcentages

Les $\frac{3}{4}$ de 100 € ⟶ $100 \times \frac{3}{4} = 75$ (€) .

Les 20 % de 50 € ⟶ $50 \times \frac{20}{100} = 10$ (€) .

Les échelles

Échelle : 1/100 .

Distance sur le plan : 4 cm.

Distance réelle :

$4 \times 100 = 400$ (cm) $= 4$ (m) .

Vitesse-Distance-Temps

Vitesse = Distance : Temps ;

Distance = Vitesse × Temps ;

Temps = Distance : Vitesse .

FORMULAIRE

Le rectangle

Périmètre = (longueur + largeur) × 2 .

Aire = longueur × largeur .

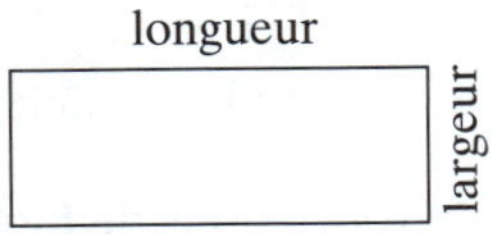

Le carré

Périmètre = côté × 4 .

Aire = côté × côté .

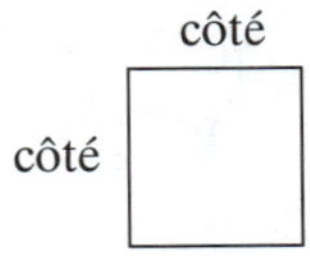

Le parallélogramme

Aire = base × hauteur .

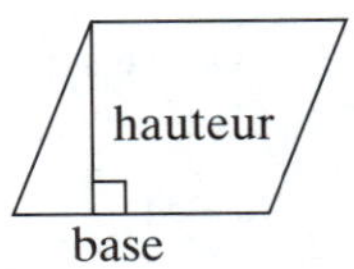

Le triangle

Aire = $\frac{\text{base} \times \text{hauteur}}{2}$.

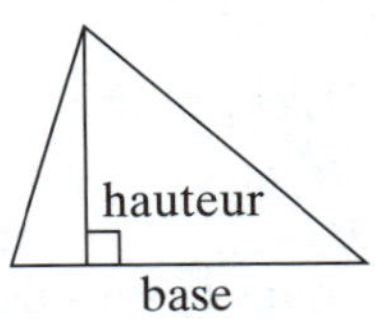

Le cercle et le disque

Périmètre du cercle = diamètre × 3,14 .

Aire du disque = rayon × rayon × 3,14 .

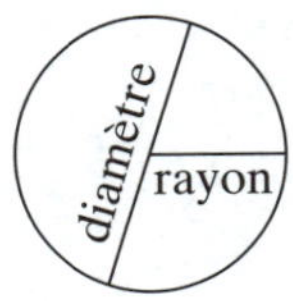

Le pavé droit

Volume = longueur × largeur × hauteur .

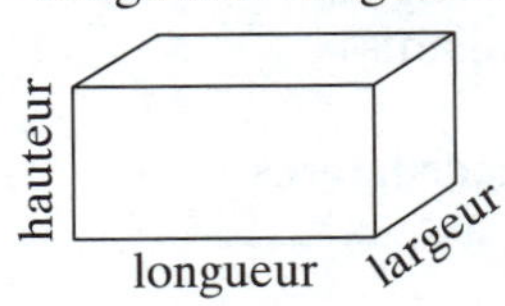

Le cube

Volume = arête × arête × arête .

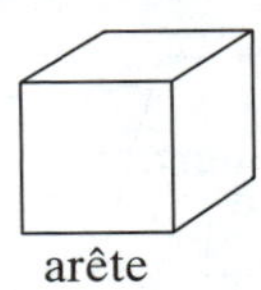

Index

Index

Les nombres en caractères gras sont des numéros de fiches

Achevé d'imprimer en Espagne par Estella Graficas
Dépôt légal : 08/2009 - Collection 15 - Edition 01
16/9955/2

$\frac{1}{2}$ $\frac{2}{4} + \frac{1}{4} = \frac{3}{4}$